Ein Buch aus der Reihe

Management konkret

management-konkret.de

Bernd Lieber

Führen von Teams

Personalführung konkret

UVK Verlagsgesellschaft mbH
Konstanz und München

Dr. Bernd Lieber war bis zu seiner Pensionierung 2011 Professor für Personalführung an der Hochschule Coburg

Bibliografische Information der Deutschen Bibliothek
Die Deutsche Bibliothek verzeichnet diese Publikation in der Deutschen Nationalbibliografie; detaillierte bibliografische Daten sind im Internet über <http://dnb.ddb.de> abrufbar.

ISBN 978-3-86764-546-1

Einbandgestaltung: Susanne Fuellhaas, Konstanz
Einbandmotiv: iStockphoto.com, Joshua Blake

UVK Verlagsgesellschaft mbH
Schützenstraße 24 · 78462 Konstanz
Tel. 07531-9053-0 · Fax 07531-9053-98
www.uvk.de

Inhalt

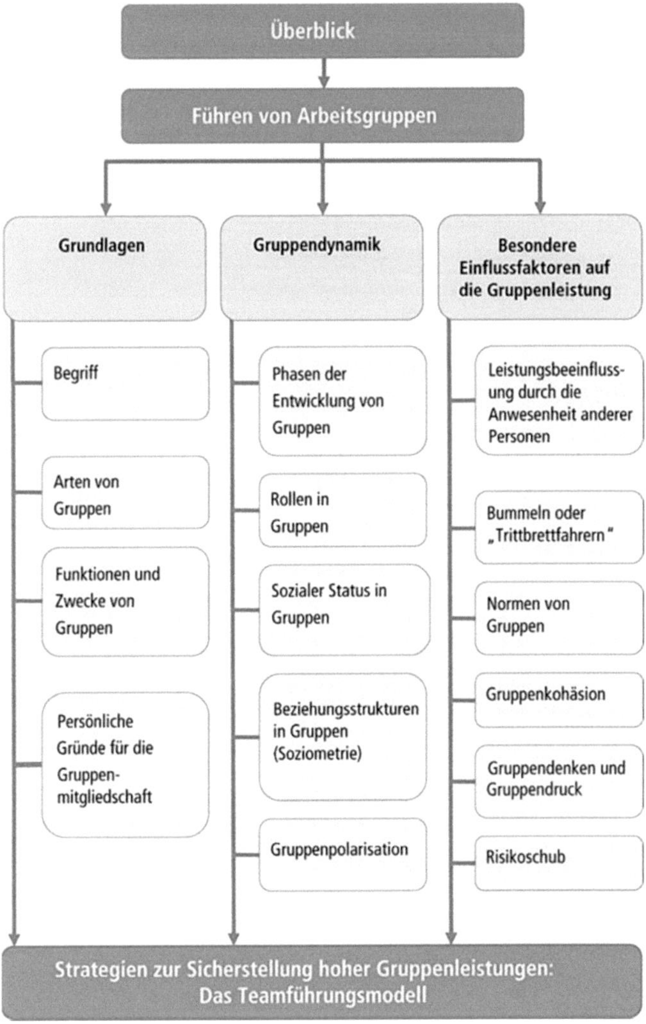

Abb. 1 Übersicht „Führen von Arbeitsgruppen"

1 Grundlagen

Durch Arbeitsgruppen können Produktivität, Flexibilität und Kreativität in Unternehmen wesentlich verbessert werden. In zunehmendem Maße werden deshalb in Unternehmen Aufgaben nicht mehr Einzelpersonen, sondern Arbeitsgruppen, Projektgruppen oder Teams übertragen.

Die Leistung einer Gruppe ist jedoch nicht immer besser als die Summe der Leistungen von einer gleich großen Anzahl von Einzelpersonen. Auch in Wirtschaftsorganisationen kann man derartige Phänomene feststellen. Die Arbeitsleistung von Gruppen kann z.B. schlechter sein, weil bei der Gruppenarbeit bestimmte Phänomene auftreten, die die Leistung der Gruppen beeinträchtigen.

1.1 Begriff

Wenn man eine Reihe von Personen sieht, die vor der Kasse eines Supermarktes oder an einer Bushaltestelle warten, dann wird man diese **Ansammlung** im Allgemeinen nicht als eine Gruppe ansehen.

Anders ist dies bei einer Mannschaft, z.B. im Sport, die zusammen trainiert und beim Wettkampf eng zusammenarbeitet, um zu gewinnen.

In beiden Fällen handelt es sich um mehrere Personen. Aber **nicht jede Mehrzahl von Personen ist eine Gruppe**.

Die Sportmannschaft hat ein **gemeinsames Ziel**: Sie will **als Mannschaft** gewinnen. Die Personen, die an der Bushaltestelle oder an der Supermarktkasse warten, haben kein gemeinsames Interesse. Sie wollen schnellstmöglich als Einzelperson befördert oder bedient werden.

Die Mitglieder einer Sportmannschaft fühlen sich als zusammengehörig („**Wir-Gefühl**"). Das Foul gegen einen Mitspieler z.B. wird als ein Foul gegenüber der gesamten Mannschaft empfunden. Es entwickelt sich ein Gefühl der Gruppenidentität: Die Mitglieder der Gruppe identifizieren sich mit der Gruppe; sie nehmen sich als eine Einheit wahr.

Die Personen in den Warteschlangen sind nur kurze Zeit zusammen, während eine Sportmannschaft **oft über Jahre zusammen** trainiert, Wettkämpfe bestreitet und sich manchmal auch **außerhalb des Sports trifft**, weil man gern zusammen ist. In einer Mannschaft lassen sich auch in der Regel **unterschiedliche Rollen** feststellen. Manche Mitspieler haben z.B. mehr zu sagen als andere. Ihre Anweisungen werden von anderen beachtet, obwohl sie möglicherweise offiziell keinen höheren Rang als ihre Mitspieler haben.

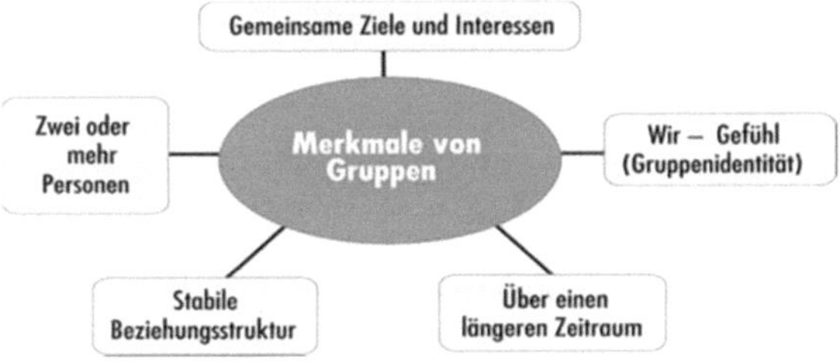

Abb. 2 Merkmale von Gruppen

Damit sind die wesentlichen Merkmale von Gruppen oder Teams bestimmt.

> Gruppen sind
>
> 1. zwei oder mehr Personen, die untereinander in Beziehung stehen,
> 2. die gemeinsame Ziele und Interessen haben,
> 3. die sich als eine Gruppe („Wir-Gefühl") empfinden,
> 4. die untereinander eine stabile Beziehungsstruktur haben und
> 5. die über einen längeren Zeitraum zusammen sind (Wienert 2004, S. 393).

Die Personen in der Warteschlange an einer Bushaltestelle sind in der Regel deshalb keine Gruppe, weil sie kein gemeinsames Ziel haben. Es hat zwar jeder in der Warteschlange das Interesse, dass der Bus bald kommt und er schnell sein Ziel erreicht. Da es dem

Einzelnen gleichgültig ist, ob auch der andere sein Ziel erreicht, haben sie zwar alle das **gleiche Ziel**, es handelt sich aber **nicht** um ein **gemeinsames Ziel**. Anders wäre es z.B. bei einer Freundesgruppe, die gemeinsam einen Ausflug machen will. Dann haben alle das Interesse, gemeinsam dahinzukommen.

Darüber hinaus sind die Personen in der Warteschlange (hoffentlich) nicht über eine längere Zeitspanne zusammen, fühlen sich auch nicht als zusammengehörig und weisen keine stabile Beziehungsstruktur untereinander auf.

Diese Merkmale können in unterschiedlichem Ausmaß ausgeprägt sein. So kann es bei Gruppen durchaus zu Zweifeln kommen, was das gemeinsame Ziel ist und ob alle sich dafür genügend stark engagieren. Insbesondere in Krisen, wenn es darum geht, für das gemeinsame Ziel auf eigene Bedürfnisse und Wünsche zu verzichten, kann es sich herausstellen, dass für einige Gruppenmitglieder das gemeinsame Ziel doch nicht so wichtig ist, wie es vorher den Anschein hatte. Auch das „Wir-Gefühl" unterliegt durchaus Schwankungen. Im konkreten Fall kann schwierig sein, zu entscheiden, ob es sich bei einer Mehrheit von Personen um eine Gruppe handelt oder auch nicht.

1.2 Arten von Gruppen

Gruppen lassen sich unter anderem nach dem Formalisierungsgrad ihrer Bildung, nach der Gruppengröße und nach der Intensität des Zusammengehörigkeitsgefühls unterscheiden.

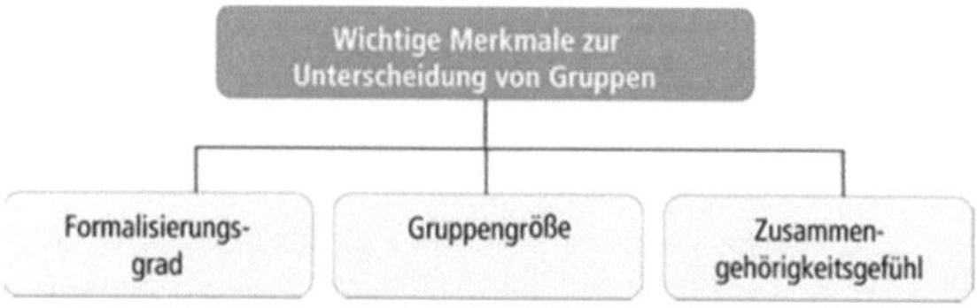

Abb. 3 Merkmale zur Unterscheidung von Gruppen

Formalisierungsgrad: Formale und informale Gruppen (Greenberg/Baron 2003, S. 275)

Formale Gruppen werden von übergeordneten Stellen bewusst geplant und eingerichtet, um bestimmte Ziele zu erreichen. Durch die formale Vorgabe der übergeordneten Instanz wird bestimmt, wer in diese Gruppe gehört und welche Ziele diese Gruppe aus der Sicht der übergeordneten Instanz zu erfüllen hat.

> Beispiele für formale Gruppen in Unternehmen sind Abteilungen oder auch Projektteams.

Man spricht auch hier von Gruppen, obwohl es sich **häufig nicht um Gruppen nach der obigen Begriffsbestimmung** handelt. Eine Zusammenfassung von Mitarbeitern, z.B. in einer Abteilung, hat unter Umständen kein „Wir-Gefühl", und es kann auch sein, dass sie kein gemeinsames Ziel haben, dass es sie nicht kümmert, wenn andere nicht die Ziele erreichen.

Häufig entwickeln sich aus formalen Gruppen aufgrund der Zusammenarbeit auch informale Gruppen, die alle oder nur einen Teil der formalen Gruppe umfassen. Eine mögliche Erklärung für die Bildung von informalen Gruppen auf der Basis von formalen Gruppen bieten die Soziale Identitätstheorie und die Theorie der minimalen Gruppe (Mayrhofer, W./Strunk, G./Meyer, M. 2003). Da eine differenzierte und abgesicherte Beurteilung anderer Personen in der Regel nicht möglich ist, neigen nach der **Sozialen Identitätstheorie** Menschen dazu, sich und andere in relativ unscharfe Kategorien oder „Schubladen" einzuordnen, sie zu stereotypisieren. Diese Kategorien können sehr „oberflächlich" sein, zugleich werden diese Kategorien auch als gut oder schlecht bewertet. Eine Kategorie kann z.B. sein, ob andere derselben Kategorie angehören wie man selbst. Nach der **Theorie der minimalen Gruppe** reichen minimale Gemeinsamkeiten oder Unterschiede aus, um z.T. weitreichende Beurteilungen und Diskriminierungen auszulösen. In vielen Experimenten konnte gezeigt werden, dass geringe und durchaus oberflächliche Unterschiede ausreichten, um diskriminierende Einschätzungen und Verhaltensweisen hervorzurufen.

Der Begriff „Gruppe" wird in der obigen Zusammenfassung in Anführungszeichen gesetzt, weil es sich keineswegs um Gruppen im Sinne der Gruppendefinition in diesem Kapitel handeln muss. Es reichen bereits geringe Merkmale der Gemeinsamkeit bzw. des Unterschieds, um diese Effekte zu bewirken, wie z.B. „wohnt auf dem gleichen Stockwerk“. So ist auch nachvollziehbar, dass die Zugehörigkeit zu einer Organisationseinheit (z.B. Abteilung), Effekte im Sinne der minimalen Gruppentheorie erzeugen kann und dadurch beitragen kann, dass sich tatsächlich Gruppen nach der Gruppendefinition bilden.

Informale Gruppen bilden sich auf natürliche Art und Weise und nicht gesteuert durch die Unternehmensführung, weil bestimmte Personen gleiche Interessen haben, z.B. Interesse am gleichen Sport oder als Freundschaftsgruppen, die sich auch außerhalb der Arbeit treffen.

Gruppengröße: Klein- oder Großgruppen

Bei Gruppengrößen bis zu ca. 15 Personen spricht man von Kleingruppen, ansonsten handelt es sich um Großgruppen.

Zusammengehörigkeitsgefühl: Arbeitsgruppen oder Teams

Gruppen mit einem besonders ausgeprägten Zusammengehörigkeitsgefühl werden häufig als Teams bezeichnet. In diesem Buch werden die Begriffe „Gruppe“ und „Team“ synonym verwendet.

Virtuelle Arbeitsgruppen

Insbesondere die Globalisierung der Wirtschaft und die Weiterentwicklung der Medien elektronischer Kommunikation haben dazu geführt, dass immer mehr Unternehmen so genannte virtuelle Arbeitsgruppen eingeführt haben. Als **virtuelle Arbeitsgruppen** bezeichnet man Gruppen, bei denen die Gruppenmitglieder ihre Arbeit üblicherweise an unterschiedlichen, meistens sehr weit von einander entfernten Orten verrichten (Yukl 2010, S. 361). Die Kommunikation zwischen den Gruppenmitgliedern untereinander sowie mit dem Leiter der Gruppe erfolgt vor allem mithilfe elektronischer Kommunikationsmedien, wie Email, SMS, mobilen Telefonen („Handys“), Videokonferenzen usw.

Virtuelle Arbeitsgruppen stellen zusätzliche, spezifische Führungsherausforderungen für die Leiter derartiger Gruppen dar. Aufgrund der Entfernungen ist es schwierig, die Leistung der Mitarbeiter zu überwachen, sie zu beeinflussen, wechselseitiges Vertrauen und Identifikation mit der Gruppe zu entwickeln. Grundsätzlich gelten für die Führung von virtuellen Arbeitsgruppen die gleichen Regeln und Empfehlungen wie für traditionelle Gruppen. Allerdings gibt es vielfältige Vermutungen über spezifische Realisierungen dieser Regeln und Empfehlungen bei virtuellen Arbeitsgruppen. Dazu gibt es jedoch noch nicht viel empirische Untersuchungen (Yukl 2010, S. 370f.).

1.3 Funktionen und Zwecke von Arbeitsgruppen

Im Einzelnen führen Wirtschaftsorganisationen aus einer Vielzahl von Gründen die Arbeit in Gruppen ein (Weiner 2004, S. 392):

- Immer mehr Aufgaben sind so komplex, dass sie nicht von einer Person allein erbracht werden können.
- Ein augenfälliger Vorteil von Gruppenentscheidungen ist, dass man mehr Wissen, Erfahrungen und Perspektiven zur Verfügung hat als bei einer einzelnen Person.
- Es kann somit bei Gruppen zu einer Zusammenfassung von sich ergänzenden Fähigkeiten, Qualifikationen und Fertigkeiten kommen. Die Zusammenarbeit in einer Gruppe kann durch eine wechselseitige Anregung zu neuen Einsichten und Ideen einen „Schneeballeffekt“ zur Folge haben. Dies führt häufig zu einem als „Synergieeffekt“ von Gruppen bezeichneten Vorteil.
- In einer Gruppe kann man auch arbeitsteilig vorgehen. Dann kann jeder die Potenziale einbringen, bei denen er am besten ist, während man bei Einzelarbeit häufig auch Arbeiten zu übernehmen hat, die einem nicht liegen, für die man nicht geeignet ist.
- Teamarbeit sichert Akzeptanz bei der Umsetzung: Wenn bei einer Gruppenentscheidung alle Betroffenen oder ihre Vertreter beteiligt sind, dann besteht eine größere Chance, dass die Gruppenentscheidung von allen akzeptiert und bei der Realisierung mitgetragen wird. Durch die Beteiligung bei der Entscheidungsfindung können alle die Beweggründe für die Entscheidung nachvollziehen und es ist auch ihre Entscheidung.

- Um sich schneller und effektiver an veränderte Bedingungen anpassen zu können: Mit Hilfe von Gruppen kann häufig eine schnellere Anpassung an sich verändernde Märkte und Technologien erfolgen als bei einer Vielzahl isolierter Einzelpersonen.
- Zur Förderung der Motivation und Identifikation mit der Wirtschaftsorganisation, da in der Regel Menschen nicht gerne völlig alleine arbeiten.

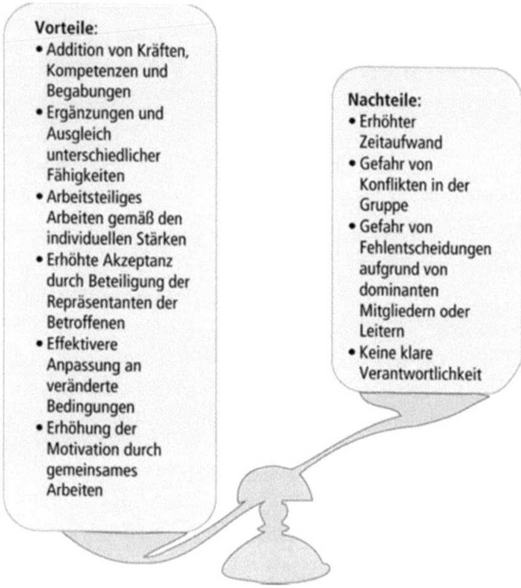

Abb. 4 Vor- und Nachteile von Gruppenarbeit

Gruppenarbeit hat jedoch nicht nur Vorteile. Es gibt eine Reihe von schwerwiegenden Nachteilen (Weiner 2004, S. 412):

- Gruppenentscheidungen erfordern in der Regel mehr Zeit als Einzelentscheidungen. Dies wird vielfach sogar als Zeitverschwendung empfunden.
- Wenn die Gruppenentscheidungen nicht einvernehmlich getroffen werden, dann kann es zu erheblichen Konflikten in der Gruppe und zwischen ihren einzelnen Mitgliedern kommen.

- Gruppenentscheidungen können auch ineffektiv sein, weil einzelne Gruppenmitglieder sich zu sehr vom dominanten Gruppenführer oder Gruppenmitglied beeinflussen oder manipulieren lassen oder so genannte „Ja-Sager" sind und damit keine offene und konstruktive Diskussion stattfindet.
- Ein weiterer Nachteil von Gruppenentscheidungen ist, dass keiner klar verantwortlich ist; jeder kann sich hinter der Gruppenentscheidung „verstecken": „*Nicht ich habe die Entscheidung getroffen, sondern es war die Gruppe.*"

1.4 Persönliche Gründe für die Mitgliedschaft in Gruppen

Gruppenarbeit funktioniert und wird auch eingesetzt, weil die Menschen soziale Wesen sind und ein starkes Bedürfnis haben, mit anderen zusammen zu sein, mit anderen zusammenzuarbeiten.

Die Zugehörigkeit zu einer Gruppe kann extern, z. B. durch das Unternehmen, bestimmt werden. Bei informalen Gruppen entscheidet die Person selbst, ob sie Mitglied einer Gruppe werden will. Sie wird dies dann tun, wenn sie in der Gruppenmitgliedschaft ein gutes Mittel sieht, um ihre Bedürfnisse zu befriedigen.

Häufig kann man folgende persönliche Gründe für die Gruppenmitgliedschaft feststellen (Greenberg/Baron 2003, S. 275 ff.), die auch auf das Zugehörigkeitsgefühl bei formalen Gruppen zutreffen können, obwohl die Zugehörigkeit zu formalen Gruppen in der Regel durch Vorgesetzte bestimmt wird:

- Um **gemeinsame Ziele** zu erreichen oder gemeinsame Interessen ausüben zu können, z.B. Fußball oder Schach spielen.
- Um sich **sicherer zu fühlen**: Gruppen können aufgrund ihrer Größe Sicherheit gegenüber Feinden oder Gegnern bieten, die der Einzelne nicht allein erreichen kann. Das Gruppenmitglied kann Unterstützung und Hilfe durch die Gruppe erhalten.
- Um das **soziale Bedürfnis nach Kontakt** zu anderen zu befriedigen: Durch die Gruppenzugehörigkeit kann der Mitarbeiter Gefühle der Zugehörigkeit, des Kontakts mit Gleichgesinnten und das Bedürfnis nach Geselligkeit befriedigen. Aufgrund des engen Kontakts innerhalb von Gruppen kommt auch in großen Organisationen kein Gefühl von Anonymität auf.

- Um **soziale Anerkennung** zu erlangen: Durch die Zugehörigkeit zu einer Gruppe kann der Mitarbeiter einen bestimmten Status erhalten und auch innerhalb der Gruppe einen bestimmten Status erlangen und damit das Gefühl entwickeln, bedeutsam und anerkannt zu sein.

Die Bereitschaft zur Mitgliedschaft und das Engagement für die Gruppenziele hängen davon ab, inwieweit das Gruppenmitglied das Gefühl, die Wahrnehmung hat, dass seine **Interessen und Bedürfnisse** befriedigt werden, dass die Gruppenmitgliedschaft sich „lohnt". Dabei werden **Nutzen und Kosten der Mitgliedschaft** aus der Sicht des Gruppenmitglieds (subjektiv) gegenübergestellt. Wenn dieses Verhältnis aus der Sicht des Gruppenmitglieds nicht mehr befriedigend ist, dann wird es versuchen, mehr Nutzen aus der Gruppenmitgliedschaft „herauszuholen" oder einzufordern oder sein Engagement evtl. bis hin zur inneren Kündigung zu verringern oder die Gruppe zu verlassen. Wenngleich diese Prozesse bei informalen Gruppen deutlicher sichtbar sind, finden sie auch bei formalen Gruppen in Unternehmen statt.

Andererseits erwarten Gruppen, dass ihre **Mitglieder ihren Beitrag zum Gelingen der Gruppenziele** leisten. Wenn aus der Sicht von Gruppen der Beitrag des Einzelnen nicht das übertrifft, was die Gruppe für den Einzelnen leistet, dann wird die Gruppe oder einzelne Gruppenmitglieder sozialen Druck auf ihn ausüben. Falls sein Beitrag auch dann nicht als ausreichend wahrgenommen wird, kann es sein, dass die Gruppe ihn „verstößt".

2 Gruppendynamik

Innerhalb von Gruppen finden viele Prozesse und Phasen statt, die die Gruppenarbeit bestimmen und die dazu führen können, dass Menschen in Gruppen Dinge tun, die sie als Einzelpersonen nie tun würden.

> Beispiel: Dies wird z.B. deutlich bei Festen, wenn Personen auf Tischen tanzen, weil dies viele oder gar alle tun und sie von den anderen „mitgerissen" werden: Wer würde das allein und unbeobachtet zu Hause tun?

Im Rahmen der Entwicklung der Gruppen bilden sich auch bestimmte Strukturen aus. Dabei handelt es sich um bestimmte Rollen, die einzelne Gruppenmitglieder wahrnehmen und auch um Gruppen in der Gruppe.

2.1 Phasen der Entwicklung von Gruppen

Bis hin zur Bildung einer Gruppe und auch danach durchlaufen Zusammenfassungen von Menschen verschiedene Entwicklungsstadien (Robbins 2001 S. 267 ff.). Für eine Führungskraft ist es von großer Bedeutung, diese Phasen oder Gruppenzustände zu erkennen und seinen Führungsstil danach auszurichten.

1. Phase: Zusammenfindung (Forming)

Die Gruppenmitglieder lernen sich kennen. Diese Phase ist gekennzeichnet durch den Versuch, sich zu orientieren und herauszufinden, um was für Personen es sich bei den anderen Mitgliedern handelt. Die meisten Personen halten sich dabei eher zurück und beobachten die anderen. Einige Mitglieder neigen dazu, „vorzupreschen" und die Gruppenarbeit zu steuern und zu leiten.

2. Phase: Auseinandersetzungen (Storming)

Es finden Macht- und Statuskämpfe statt, bei denen einige Mitglieder versuchen, eine Machtposition und eine besondere Stellung in der Gruppe (Status), wie z.B. die Gruppenführung, zu erlangen.

Gesprächsauszug aus einer Sitzung eines Planungskomitees, bestehend aus den Vertretern verschiedener Abteilungen gleichen Ranges

Meier: *Ich schlage vor, wir gehen die Planung Seite für Seite durch.* (Erster Statusanspruch auf Gruppenführung)

Müller (unterbricht): *Aber bitte Herr Meier, wir sind doch selbst in der Lage, die Planung zu überprüfen und Probleme festzustellen.* (Stellt seinen eigenen Status-und Führungsanspruch auf)

Schmidt: *Wenn Herr Meier die Planung rechtzeitig an uns verteilt hätte, dann hätten sie wir vorab prüfen können, und müssten nicht jetzt so die Zeit verschwenden.* (Unterstützt den Anspruch von Müller)

Lehmann: *Wenn, wenn, wenn. Was soll das? Die Planung konnte nicht vorher fertig gestellt werden und jetzt müssen wir das Beste daraus machen und wie von Herrn Meier vorgeschlagen, die Planung gemeinsam Schritt für Schritt durchgehen.* (Unterstützt den Führungsanspruch von Meier)

und so fort …

Abb. 5 Beispiel für das Ringen um Status

Nun kommt es häufig dazu, dass die Notwendigkeit und der Nutzen der Gruppe infrage gestellt werden. Dies kann dazu führen, dass die Gruppe daran zerbricht und sich auflöst.

3. Phase: Entwicklung von Normen (Norming)

Die Beziehungen der Gruppenmitglieder entwickeln sich weiter und es kommt insbesondere zur Herausbildung von Spielregeln (Normen) für das Gruppenleben. Es ist wichtig, dass die Führungskraft in dieser Phase auf Mitarbeiterbedürfnisse und Beziehungen in der Gruppe Rücksicht nimmt (mitarbeiterorientierter Führungsstil), damit sich ein großes Zusammengehörigkeitsgefühl entwickeln kann. Dieses Zusammengehörigkeitsgefühl wiederum kann dazu beitragen, dass die Gruppe sich mit der Führungskraft verbunden fühlt und hohe Leistungen erbringt.

Erst wenn die Phase 3: „Entwicklung von Strukturen" („Normierung") erfolgreich vollzogen ist, werden die Kriterien der Gruppendefinition erfüllt, erst dann kann man von Gruppen im Sinne der Gruppendefinition sprechen.

4. Phase: Leistung (Performing)

Die Mitglieder arbeiten intensiv und konzentriert am Gruppenauftrag. Wenn es der Führungskraft gelungen ist, eine Gruppe mit hohem Zusammengehörigkeitsgefühl und hoher Verbundenheit mit der Führungskraft und dem Unternehmen zu entwickeln, dann kann sie in dieser Phase verstärkt leistungsorientiert führen und somit eine hohe Gruppenleistung bewirken.

5. Phase: Abschließen und Beenden (Adjourning)

Nachdem das Ziel der Gruppe erreicht wurde, kann es zur Auflösung der Gruppe kommen oder die Gruppe entwickelt sich oder erhält neue Ziele und arbeitet weiter.

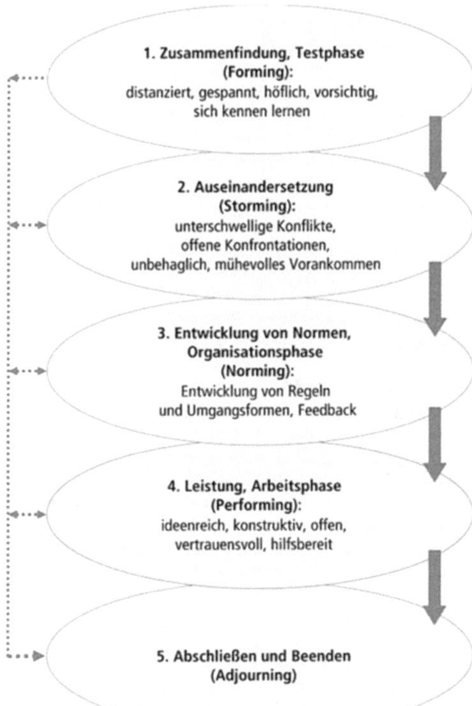

Abb. 6 Das 5-Phasen-Modell der Gruppenarbeit

Es handelt sich bei diesen Phasen um Modellvorstellungen, die in der Realität zwar häufig, aber nicht immer in dieser Form und Abfolge vorzufinden sind. Nicht jede Gruppe durchläuft all diese Stadien. Es kann schon vorher zur Auflösung kommen. Es ist auch möglich, dass Gruppen bei der Phase der Gruppenarbeit Probleme erkennen und wieder „zurückfallen" in die Phase der Normenbildung. Manchmal kann es auch der Fall sein, dass in einer Gruppe mehrere dieser Phasen zugleich stattfinden. Deshalb erfolgt die grafische Darstellung dieser Phasen hier nicht als ein Stufen- oder Treppenmodell, sondern in Form sich überdeckender Ellipsen. Die gestrichelten Pfeile sollen andeuten, dass die Phasen nicht immer gemäß der Zahlenfolge stattfinden.

2.2 Rollen in Gruppen

In Gruppen kann man feststellen, dass ihre Mitglieder bestimmte Rollen innehaben (Greenberg/Baron 2003, S. 279f.). So kann man innerhalb von Gruppen Gruppenmitglieder finden, die sich vor allem um die Aufgabe der Gruppe oder das harmonische Zusammenleben in der Gruppe oder um ihre eigene Rolle in der Gruppe kümmern.

- **Aufgabenorientierte Rollen**
  Aufgabenorientierte Rollen stehen im Zusammenhang mit der Gruppenaufgabe.

Initiatoren …	empfehlen neue Lösungen für Probleme der Gruppe
Informationssucher …	versuchen die notwendigen Informationen und Fakten zu erhalten
Aktivatoren …	bewegen die Gruppe zu Aktionen, wenn das Interesse an der Arbeit absinkt

Abb. 7 Beispiele für aufgabenorientierte Rollen

- **Auf das Verhältnis untereinander bezogene Rollen**
  Die Inhaber dieser Rolle versuchen, den Gruppenzusammenhalt zu fördern.

Harmonisierer …	vermitteln bei Gruppenkonflikten
Kompromisssucher …	passen die eigene Meinung an, um Gruppenharmonie zu erreichen
Ermutiger …	loben und ermutigen andere
Zweckmäßige …	entwickeln Vorschläge für eine reibungslosere Zusammenarbeit der Gruppe

Abb. 8 Auf das Verhältnis untereinander bezogene Rollen (Beispiele)

- **Auf das einzelne Gruppenmitglied bezogene Rollen**
  Diese auf sich selbst orientierten Rollen sind auf die Befriedigung der eigenen Bedürfnisse gerichtet, ohne die Aufgabe der Gruppe oder die Bedürfnisse der anderen zu berücksichtigen.

Blockierer …	blockieren die Gruppe
Anerkennungssucher …	suchen in der Gruppe Anerkennung für ihre Beiträge
Dominanzpersonen …	sichern sich Autorität und Macht in der Gruppe
Distanzierer …	halten Distanz von der Gruppe und isolieren sich selbst

Abb. 9 Selbstbezogene Rollen (Beispiele)

Zur erfolgreichen Führung von Arbeitsgruppen ist es wichtig zu erkennen, welche Rollen die einzelnen Mitglieder einnehmen und dies gezielt bei der Behandlung dieser Mitarbeiter zu berücksichtigen.

> Beispiel: Durch die gezielte Ansprache oder die Zuweisung von Aufgaben, die ihn besonders interessieren, kann die Führungskraft versuchen, den Distanzierer in die Gruppenarbeit zu integrieren.

Diese Rollen können eine Orientierung zur Interpretation des Verhaltens in Gruppen geben. Sie sollten aber nur mit sehr viel Vorsicht verwendet werden, da sie zu voreiligen und einseitigen Charakterisierungen von Personen führen können.

2.3 Sozialer Status in Gruppen

Die Mitglieder einer Gruppe werden nicht alle als gleich angesehen. Sie haben einen unterschiedlichen Rang oder Status (Greenberg/Baron 2003, S. 281 ff.).

- **Sozialer Status** ist die relative soziale Position oder der Rang, der einer Gruppe oder Gruppenmitgliedern durch andere zugemessen wird. Sozialer Status entsteht „in den Augen der anderen".
- **Formaler Status** entsteht durch die hierarchischen Unterschiede. Er spiegelt sich auch häufig in Statussymbolen wider. Statussymbole erinnern die Gruppenmitglieder an ihre unterschiedlichen sozialen Rangplätze und reduzieren dadurch Unsicherheit (z.B. beim Militär).
- **Informaler Status** ergibt sich aufgrund von Kriterien, die nicht durch die Organisation vorgegeben werden. Dies kann z.B. durch besondere Erfahrungen, Fähigkeiten oder Expertenwissen von einzelnen Gruppenmitgliedern der Fall sein.

Je höher der Status einer Person ist, desto größer ist ihr Einfluss in der Gruppe.

> Beispiel: Experimentelle Befunde zeigten, dass Vorschläge des Flugkapitäns eher angenommen wurden, als wenn der Kopilot einen Vorschlag macht. Die Kopiloten sind dem Piloten oder genauer dem Flugkapitän unterstellt. Es zeigte sich aus der Analyse der Gespräche im Cockpit nach Unfällen, dass Kopiloten, wenn sie gefährliche Situationen erkannten, den Piloten nur sehr vorsichtig und eher indirekt auf die Gefahr hinwiesen, während die Flugkapitäne dies umgekehrt sehr direkt taten. Einige Fluggesellschaften haben deshalb ein spezielles Kommunikationstraining durchgeführt mit dem Ziel, die statusgeprägte Vorsicht der Kopiloten, wenn sie den Piloten auf mögliche Gefahren hinweisen wollen, abzubauen.

Zur Bezeichnung der Rangordnung in Gruppen wird häufig auf das griechische Alphabet Bezug genommen.

- **Alpha** = Führer, Gewinner des Machtkampfs („Alpha-Tier")
- **Gamma** = Unterstützt Alpha
- **Gegen-Alpha** = unterlegener Gegner von Alpha beim Führungsanspruch
- **Beta** = Gefolgsmann von Gegenalpha
- **Omega** = unterlegener Außenseiter

Abb. 10 Bezeichnungen für die Rangordnung in einer Gruppe

Im Regelfall beeinflussen Personen, die in der Hierarchie höher gestellt sind, bereits durch ihre Anwesenheit den Entscheidungsprozess. Wenn die Anwesenheit dieser Personen nicht vermieden werden kann, dann sollten sie möglichst in der Diskussionsphase abwesend sein oder ihr statusgeprägter Einfluss durch den Einsatz bestimmter Techniken, wie der Metaplan- bzw. Moderatorentechnik verringert werden.

Bei der **Metaplan- oder Moderatorentechnik** werden die inhaltlichen Beiträge vom Vorschlagenden losgelöst, z.B. durch Kartenabfragen, erfasst. Auch bei der Bewertung von Vorschlägen kann dies erreicht werden, wenn z.B. die Bewertung von Vorschlägen an Pinnwänden mittels ausgeteilter Klebepunkte (Punktbewertung) vorgenommen wird und die Person mit hohem Status entweder keine Bewertung abgibt oder ihre Bewertung als letzte vornimmt.

2.4 Beziehungsstrukturen in Gruppen (Soziometrie)

Mithilfe der Soziometrie lässt sich ermitteln, wer bei wem beliebt oder unbeliebt ist und wer mit wem gern zusammenarbeitet oder auch nicht (Robbins 2001 S. 270 ff.)

Diese Informationen erhält man in der Regel mit Hilfe von Fragebögen. Typische Fragen zur Feststellung von Beliebtheitsbeziehungen sind: „*Mit wem würden Sie in Ihrer Abteilung am liebsten zusammenarbeiten? Nennen Sie einige Kollegen, mit denen Sie auch gerne in Ihrer Freizeit zusammen wären oder zusammen sind.*"

In einem **Soziogramm** werden dann die Antworten auf diese Fragen grafisch zusammengefasst, wie in dem folgenden Beispiel:

Beispiel

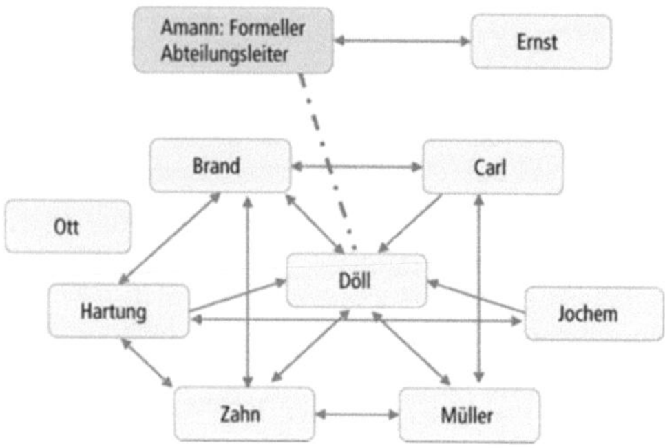

Abb. 11 Beispiel für ein Soziogramm

Der Pfeil von Jochem zu Döll bedeutet, dass Jochem Döll gewählt hat, dass aber Döll nicht Jochem gewählt hat (einseitige Wahl). Bei Doppelpfeilen haben sich die beiden wechselseitig gewählt. Aufgrund dieses Soziogramms ergeben sich folgende Strukturen:

Ott hat niemanden gewählt und wurde von niemandem gewählt: Er ist der isolierte Außenseiter und manchmal auch das schwarze Schaf der Gruppe. Auch die Verankerung von Jochem in der Gruppe ist gering. Es besteht eine wechselseitige Beziehung zu Hartung und eine einseitige Beziehung zu Döll. Er ist eine Randfigur der Gruppe.

Döll hat die meisten wechselseitigen Beziehungen in der Gruppe. Er ist der Star der Gruppe, das beliebteste Gruppenmitglied. Es ist weiterhin anzunehmen, dass er der informelle Meinungsführer ist. Die Gruppe um Döll bildet ein Cluster von miteinander verbundenen Personen, eine Gruppe in der Gruppe (Clique).

Der formale Gruppenleiter Amann und Ernst bilden eine Paarbeziehung. Sie sind aber vom Rest der Gruppe deutlich getrennt.

Problematisch ist, dass es keine Verbindungsglieder zwischen den Gruppenteilen „Amann und Ernst", dem Cluster um Döll und dem Außenseiter Ott gibt. Für die Arbeit in der Abteilung kann dies bedeuten, dass die Mitglieder des Clusters um Döll ihr

Verhalten abstimmen und sich häufig gleich verhalten. Amann, Ernst und Ott laufen Gefahr, dass sie ihre Interessen nicht mehr durchsetzen können. Für den Abteilungsleiter Amann ist die Beziehung zu Döll kritisch. Er muss versuchen, Döll von seinen Plänen zu überzeugen.
Seine besondere Stellung trennt den Vorgesetzten vom Rest der Gruppe. Einerseits kann er zur Gruppe dazugehören, andererseits wird er von vielen Prozessen ausgeschlossen werden. Manche Gespräche werden nicht in Anwesenheit des Vorgesetzten geführt werden bzw. sie werden anders ablaufen. Es bleibt immer eine schwierige Entscheidung eines Vorgesetzten, inwieweit er sich in die Gruppe integrieren will, insbesondere bei der Übernahme der Führung einer neuen Gruppe. Aber auch wenn ein Vorgesetzter ein großes Interesse hat, in die Gruppen integriert zu werden, entscheidet letztlich die Gruppe, inwieweit diese Integration erfolgt.

2.5 Gruppenpolarisation

Eine besonders auffällige Gruppenstruktur ist die Aufspaltung der Gruppe in zwei Teilgruppen (Weinert 2004, S. 434 f.), die gegensätzliche Auffassungen vertreten und sich kritisch oder sogar feindlich gegenüberstehen (**Gruppenpolarisation**).

In Untersuchungen zeigte sich, dass jemand, der anfänglich einer bestimmten Entscheidungsvariante zuneigte, diese Neigung im Verlauf der Gruppensitzung verstärkte.

Beispiel: In den U.S.A. konnte man feststellen, dass Richter, die zu einer liberalen Rechtsprechung neigen, zu noch liberaleren Entscheidungen tendierten, wenn sie nicht als Einzelrichter, sondern als eine Teil-Gruppe liberaler Richter zu urteilen hatten.

Eine mögliche Ursache für Gruppenpolarisation scheint der Wunsch zu sein, einen positiven Eindruck auf andere Mitglieder der gleichen Teilgruppen zu machen. Dieser Wunsch führt dazu, die anfängliche Tendenz zu verstärken.

Eine weitere mögliche Ursache könnte sein, dass während der Gruppendiskussion Informationen mitgeteilt werden, die einzelne Gruppenmitglieder vorher nicht hatten. Da generell die Tendenz besteht, eher Informationen anzunehmen, die eine bestehende persönliche Einstellung bestärken, führen Gruppendiskussionen zu einer Verstärkung der vorher gegebenen Entscheidungstendenz. Wenn die Teilgruppe relativ homogen, einheitlich in Bezug auf eine bestimmte Entscheidung ist, dann wird diese Entscheidungstendenz verstärkt.

3 Besondere Einflussfaktoren auf die Gruppenleistung

Wie bereits angeführt, finden in Gruppen besondere Prozesse statt, die die Leistung der Gruppe erheblich beeinflussen können.

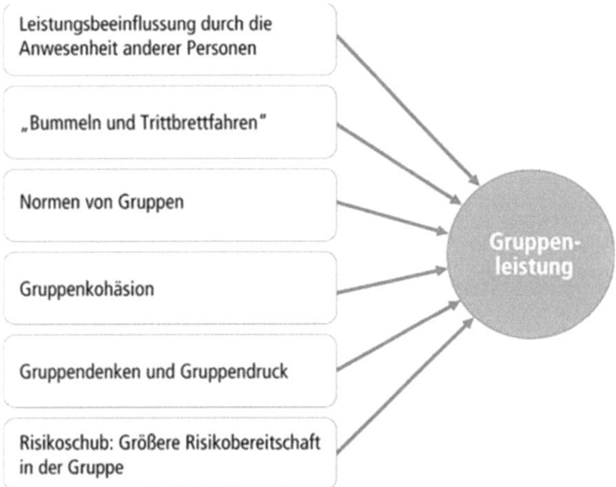

Abb. 12 Besondere Einflussfaktoren auf die Gruppenleistung

3.1 Leistungsbeeinflussung durch die Anwesenheit anderer Personen

Aufgrund vieler Untersuchungen konnte man feststellen, dass die Anwesenheit Anderer einen Einfluss auf die Leistung hat, und zwar sowohl in positiver als auch in negativer Hinsicht (Greenberg/Baron 2003, S. 285 ff.). Dies kann bewirkt werden:

- durch ihre pure Anwesenheit,
- durch die Angst vor der Bewertung/Beurteilung/Verurteilung durch die anderen (Angst vor Gesichtsverlust),

- durch die Aufmerksamkeitsaufspaltung zwischen der Konzentration auf die Aufgabe und der Ablenkung durch die „Zuschauer“.

Wenn Personen unter hoher Anspannung stehen, dann neigen sie dazu, das Verhalten zu zeigen, das sie am besten beherrschen. Dies bedeutet, wenn man seine Sache gut beherrscht, führt die Anwesenheit anderer zu einer Leistungssteigerung; anderenfalls zu einer schlechteren Leistung. In diesem Fall sollte man weniger selbstbewusste Personen nicht zur Durchführung von Aufgaben bewegen, die sie nicht so gut beherrschen. Wenn sie neue Techniken lernen sollen, dann sollte man ihnen die Gelegenheit geben, dies unbeobachtet zu tun.

Bei Problemstellungen, bei denen es auf die Kreativität ankommt, produziert eine gleich große Anzahl von Einzelpersonen oft mehr kreative und auch kreativere Lösungen als eine Gruppe mit entsprechender Gruppengröße. Vermutlich führt die Angst, von einer Gruppe als „Spinner“ oder Ähnliches angesehen zu werden dazu, dass sich die Gruppenmitglieder mit dem Äußern kreativer und ungewöhnlicher Vorschläge zurückhalten.

Durch die Technik des „Brainstormings“ will man diese Angst vermeiden oder möglichst stark reduzieren. **Brainstorming** ist eine Technik zur Förderung der Kreativität, bei der folgende Regeln gelten:

- Jeder soll seine Ideen frei äußern und möglichst viele Vorschläge einbringen.
- Es ist keine verbale und auch keine nonverbale Kritik (z.B. Grimassen ziehen) erlaubt.
- Die Vorschläge der anderen sollen als Anregung für eigene Vorschläge genutzt werden.

3.2 „Bummeln und Trittbrettfahren“

Bummeln ist die Tendenz von Gruppenmitgliedern bei einer Gruppenaufgabe, bei der die Leistung der Gruppe sich aus der Addition der Einzelleistungen ergibt (z.B. Seilziehen oder das Tragen schwerer Gewichte), sich um so weniger anzustrengen, je größer die Gruppe ist.

> **„Whose job is it?**
>
> There is a story about four people named **Everybody, Somebody, Anybody,** and **Nobody.**
>
> This was an important job to be done and **Everybody** was asked to do it. **Everybody** was sure **Somebody** would do it.
>
> **Anybody** could have done it, but **Nobody** did it. **Somebody** got angry about that, because it was **Everybody's** job.
>
> **Everybody** thought **Anybody** could do it but **Nobody** realized that **Everybody** wouldn't do it.
>
> It ended up that **Everybody** blamed **Somebody** when **Nobody** did what **Anybody** could have done."
>
> (Haug, Christoph V.: Erfolgreich im Team. 3. Aufl. München 2003, Vorwort)

Abb. 13 „Whose job is it?"

Ursachen von Bummeln und Trittbrettfahren

- Vielfach wird Bummeln in Arbeitsgruppen mit der **Möglichkeit des Trittbrettfahrens** erklärt. Wenn mehrere an einer Aufgabe arbeiten, kann man eigene besondere Anstrengungen vermeiden und von der Arbeit der anderen profitieren. Dies wird sicherlich auch häufig vorkommen. Bevor man jedoch Faulheit oder besondere Raffinesse zur Erklärung dieses Verhaltens heranzieht, sollte man auch weitere mögliche Ursachen in Betracht ziehen.
- Eine weitere mögliche Erklärung für dieses Phänomen ist, dass der Druck auf die Gesamtgruppe von den Gruppenmitgliedern gedanklich gleichmäßig auf die einzelnen Mitglieder verteilt wird (Greenberg/Baron 2003, S. 287 ff.). Eine spezifischere Erklärung dürfte jedoch sein, dass sich die **Gruppenmitglieder umso weniger für das Arbeitsergebnis verantwortlich fühlen, je größer die Gruppe ist**. Da dann der Einzelne seinen Beitrag als nicht so notwendig und nicht so wichtig empfindet.
- Außerdem könnte es sein, dass die Rollen und Aufgaben im Team nicht genau geregelt sind. Dann glaubt jeder, insbesondere in Bezug auf nicht so beliebte Aufgaben wie z.B. Geschirrspülen in einer Wohngemeinschaft: „*Irgendjemand wird es (hoffentlich) machen.*" Aber keiner fühlt sich richtig verantwortlich.

Handlungsempfehlungen zur Vermeidung von Bummeln und Trittbrettfahren

Aufgrund dieser Erklärungen für die Ursachen bietet sich eine Reihe von Maßnahmen zum Vermeiden des Bummelns und des Trittbrettfahrens an (Greenberg/Baron 2003, S. 289 ff.):

- Teamziele und Funktionen des Teams klar darlegen und Commitment der einzelnen Mitglieder zum Ziel sicherstellen und einholen.
- Teamgröße begrenzen.
- Aufgaben und Rollen genau definieren: Wer ist zuständig für Tagesordnung, Moderation oder Protokollierung?
- Aktivitätenpläne mit klarer Terminierung und Verantwortung erstellen.
- Arbeitsleistung zuordenbar machen.
- Arbeit möglichst interessant gestalten.
- Verdeutlichen, dass der Beitrag jedes Einzelnen wichtig ist, indem man z. B. demonstriert, welche Auswirkungen Fehler oder Nachlässigkeiten haben können.
- Individuen für ihren Beitrag zur Gruppenleistung belohnen, z.B. durch einen Gruppenbonus.
- Bei wichtigen Entscheidungen auf Einstimmigkeit achten oder von jedem einzelnen seine Entscheidung individuell abfragen.

Abb. 14 Maßnahmen zur Vermeidung des Trittbrettfahrens und des Bummelns

3.3 Gruppennormen

Gruppennormen sind Vorstellungen darüber, was jemand in einer bestimmten Situation tun darf bzw. lassen soll. Diese Normen werden von den Mitgliedern einer Gruppe als allgemeingültige Standards angesehen und deren Nichteinhaltung kann zu Sanktionen (sozialer Druck) führen (Greenberg/Baron 2003, S. 280 f.). Sie sind von allen Gruppenmitgliedern geteilte Erwartungen, wie die Gruppenmitglieder denken und handeln sollen.

Es sind Verhaltensrichtlinien für ihre Mitglieder.

Beziehungsnormen:
Wer spricht mit wem? Wer spricht am meisten? Wer wird übergangen? Wer wird geschützt?

Kommunikationsnormen:
Werden Wut, Freude usw. geäußert? Gibt es Tabuthemen? Wie sachlich, rational muss argumentiert werden?

Bedürfnisnormen:
Darf man Wünsche, Bedürfnisse äußern? Darf man Wunsch nach Einfluss oder Beachtung äußern?

Belohnungs- und Sanktionsnormen:
Wie wird welches Verhalten bestraft oder belohnt?

Abb. 15 Arten von Normen in Gruppen (Beispiele)

Beispiele für häufig festzustellende Normen in Arbeitsgruppen sind:

- Kein „Streber“ sein, d.h. keine im Vergleich zu den anderen Gruppenmitgliedern übermäßig hohe Arbeitsleistung zu erbringen, und damit all die anderen „schlecht aussehen“ lassen.
- Allerdings sollte man auch nicht eine überaus schlechte Leistung im Vergleich zu den anderen erbringen.
- Nicht „petzen“: Dem Vorgesetzten nichts sagen, das anderen Gruppenmitgliedern Schwierigkeiten bereiten könnte.
- Sich nicht zu „amtlich, offiziell oder distanziert“ verhalten.

Gruppennormen sind in der Regel **nicht schriftlich fixiert**. In vielen Fällen handelt es sich um derart subtile Handlungs- und Denkrichtlinien, dass vielen Gruppenmitgliedern nicht bewusst ist, dass es diese Normen gibt.

Normenkonformität drückt aus, inwieweit sich die Gruppenmitglieder an die Normen halten (Robbins 2001, S. 281 f.).

Normen und Normenkonformität sind für die Stabilität und das Funktionieren von Gruppen unerlässlich:

- Sie steuern auf vielfältige Art und Weise das Verhalten der Mitarbeiter, indem sie z.B. die Loyalität zum Unternehmen beeinflussen oder festlegen, wann man zu spät zur Arbeit kommen darf und wann nicht.

- Normen heben die Gruppe von anderen Personenmehrheiten ab und verdeutlichen, wer Gruppenmitglied ist und wer nicht.
- Sie helfen dem einzelnen Gruppenmitglied bei der Orientierung seines Verhaltens in der Gruppe.
- Sie geben dem Verhalten eine gewisse Beständigkeit und machen das Verhalten für alle Gruppenmitglieder kalkulierbarer.

Als **Verhaltensrichtlinien** beeinflussen sie in hohem Maße die Gruppenleistung. Die Normen der Arbeitsgruppen müssen nicht identisch sein mit den Normen, die die Unternehmensführung für diese Arbeitsgruppen als richtig ansieht. Sie können durchaus im Widerspruch zu den Normenvorstellungen der Unternehmensleitung stehen.

3.3.1 Entwicklung von Gruppennormen

Gruppennormen werden oft nicht von außen vorgegeben, sondern sie entstehen aus dem Zusammenwirken der Gruppen. Einige Situationen haben einen besonderen Stellenwert für die Entwicklung von Normen (Baron/Greenberg 1990, S. 271):

- **Präzedenzfälle**

  Präzedenzfälle sind Situationen, bei denen ein bestimmtes Verhalten erstmalig als legitim, als „in Ordnung“ angesehen wird und auf das man sich später dann beruft bzw. dann später als Norm akzeptiert. Häufig entstehen Normen bereits bei den ersten Sitzungen. Hier werden häufig erste Verhaltensregelungen entwickelt.

  Beispiel: Bei Lehrveranstaltungen oder Gruppensitzungen kann man häufig feststellen, dass die Sitzordnung, die sich in der ersten Sitzung vielfach durch Zufall ergeben hat, bei allen späteren Terminen beibehalten wird.

- **Übertragung aus anderen Situationen**

  Normen werden oft aus anderen Situationen übertragen.

  Beispiel: Verhaltensregeln aus dem Berufsleben für die Führung von Sitzungen werden auch bei Sitzungen des Sportvereins angewendet.

- **Festlegung durch bestimmte Personen**

  Normen werden häufig durch besonders wichtige Mitglieder oder Führer der Gruppe festgelegt.

- **Kritische Ereignisse**

  Eine weitere Quelle der Entstehung von Gruppennormen sind besonders wichtige Ereignisse für die Gruppe, so genannte kritische Ereignisse.

  Beispiel: Durch Gespräche mit Journalisten werden interne Angelegenheiten öffentlich und führen zu einem negativen Image der Gruppe in der Öffentlichkeit. Um dies zu verhindern wird festgelegt, dass nur bestimmte, autorisierte Personen das Recht haben, mit Journalisten zu sprechen.

3.3.2 Stufen der Übernahme von Gruppennormen (Normenkonformität)

Gruppenmitglieder können sich in der Art und Weise sowie in der Intensität ihrer Konformität mit den Gruppennormen unterscheiden:

- Bei der **Konformität durch Einwilligung (Compliance)** stimmen die Normvorstellungen des Individuums nur partiell mit den Gruppennormen überein. Das Gruppenmitglied beachtet die Gruppennormen trotzdem aufgrund des von ihm wahrgenommenen Gruppendrucks, um in der Gruppe anerkannt zu werden oder weil normenkonträres Verhalten als zu riskant und aufwendig angesehen wird.
- **Konformität durch Anerkennung (Identifikation)** beschreibt den Prozess der Übernahme von Zielen und Normen der Gruppe. Dabei identifiziert sich ein Gruppenmitglied weitgehend mit den Zielen und Normen der Gruppe; es ist sich aber dennoch des Unterschieds zwischen persönlichen Zielen und Gruppenzielen bewusst.
- **Konformität durch Internalisierung** ergibt sich, wenn das Gruppenmitglied eine völlige Konformität seiner Normen mit den Gruppennormen fühlt. Wenn Gruppenmitglieder die Normen der Gruppe als ihre eigenen Normen übernommen haben (Internalisierung), dann halten sie sich besonders eng an diese Normen.

3.3.3 Einflussfaktoren auf die Normenkonformität

Inwieweit ein Gruppenmitglied die Gruppennormen akzeptiert und beachtet, hängt von verschiedenen Einflussfaktoren ab.

Ausmaß und Wahrscheinlichkeit von Bestrafungen oder Belohnungen (Instrumentalität der Normen für die eigene Bedürfnisbefriedigung)

Die Einhaltung von Normen wird über „Belohnungen" und „Bestrafungen" durch die Gruppe und ihre Mitglieder forciert (sozialer Druck).

Beispiel: Diese Bestrafungen können sehr subtil sein, wenn z.B. durch „kritische" Blicke verdeutlicht wird, dass bestimmte Verhaltensweisen nicht willkommen sind. Bei einer Gruppe wurde der Stuhl desjenigen, der immer zu spät kommt, vor die Tür gestellt. Er konnte dann nicht mehr einfach ohne großes Aufsehen zu spät kommen und sich hinsetzen. Die Bestrafungen können auch sehr drastisch ausfallen, wenn Mitarbeiter Schläge angedroht bekommen und evtl. sogar erhalten, weil sie durch besonders hohe Leistungen andere Gruppenmitglieder schlecht aussehen lassen. Gruppen können auch „Belohnungen" vermitteln, wie Anerkennung.

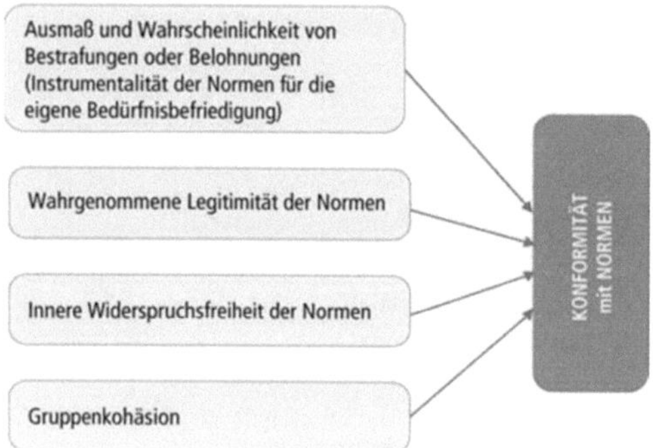

Abb. 16 Einflussfaktoren auf die Konformität mit Gruppennormen

Der Entzug von Belohnungen kann auch eine Bestrafung sein. Im Einzelfall kann es sogar zum Mobbing von einzelnen Gruppenmitgliedern durch mehrere andere Gruppenmitglieder kommen.

Wenn die Einhaltung der Normen als Belohnung empfunden oder belohnt wird, dann werden dadurch Bedürfnisse befriedigt. Durch Belohnungen oder Bestrafungen durch die Gruppe ergibt sich eine geringere Streuung des Verhaltens im Vergleich zu isolierten Einzelpersonen.

Wahrgenommene Legitimität der Normen

Werden Normen als nicht legitim angesehen, dann fällt es den Gruppenmitgliedern schwer, sich an die Normen zu halten.

Beispiel: Um Kosten zu sparen, wird von einem Mitglied einer Gruppe verlangt, Abwasser in den nahe gelegenen Fluss entsorgen, obwohl dies den von dem Mitglied als legitim angesehenen Umweltgesetzen widerspricht.

Innere Widerspruchsfreiheit der Normen

Wenn die Normen einer Gruppe widersprüchlich sind, dann fällt es schwer, sich normenkonform zu verhalten, da man, wenn man sich an die eine Norm hält, gegen eine andere verstößt.

Beispiel: Ein Schulungsleiter soll durch die Prüfungen einen hohen Qualitätsstandard der Absolventen sicherstellen, zugleich soll aber möglichst jeder der Teilnehmer, der die hohen Gebühren bezahlt hat, die Prüfung bestehen. Ein Beispiel für widersprüchliche Normen ist auch die Aufforderung „Sei spontan!"

Gruppenkohäsion

Wenn in der Gruppe ein großes Zusammengehörigkeitsgefühl (Gruppenkohäsion) vorhanden ist, dann sind die Gruppenmitglieder auch eher bereit, sich an die Gruppennormen zu halten.

Gruppen und Organisationen versuchen in der Regel, eine möglichst weitgehende Identifikation mit den Gruppennormen und die Internalisierung der Gruppennormen bei ihren Gruppenmitgliedern sicherzustellen. Neben Praktiken der Auswahl von Gruppenmitgliedern und Formen der Belohnung oder Bestrafung spielen dabei auch Visionen, Gruppen- oder Unternehmenskultur und charismatischer Führungsstil eine große Rolle.

3.4 Gruppenkohäsion

Gruppenkohäsion ist das Ausmaß, in dem Gruppenmitglieder die Zusammengehörigkeit der Gruppe empfinden. Die Kohäsion gibt an, wie stabil eine Gruppe ist, wie stark sie einem Druck von außen auf die Gruppe widerstehen kann und auch wie attraktiv die Mitgliedschaft für ihre Mitglieder bzw. für potenzielle Mitglieder ist.

3.4.1 Einflussfaktoren auf die Gruppenkohäsion

Die Gruppenkohäsion hängt von mehreren Faktoren ab (Greenberg/Baron 2003, S. 283 f.).

Abb. 17 Einflussfaktoren auf die Gruppenkohäsion

Die Art der Aufnahme

Folgende Möglichkeiten der Aufnahme in eine Gruppe gibt es:

- Ernennung von außen.
- Auswahl durch die Gruppe selbst.
- Freiwillige Teilnahme.
- Zwangsläufige Mitgliedschaft durch Vertrag oder Tätigkeit.

Wenn es sich um eine freiwillige Teilnahme oder um die Auswahl durch die Gruppe selbst handelt, dann ist eine höhere Gruppenkohäsion zu erwarten als bei einer zwangsläufigen Mitgliedschaft oder bei einer Ernennung von außen durch Dritte.

Schwierigkeit der Aufnahme in die Gruppe

Je schwieriger es ist, Mitglied einer Gruppe zu werden, desto größer ist die Gruppenkohäsion. Manche Gruppen nutzen diesen Effekt aus und fordern von interessierten Bewerbern besondere Leistungen, bevor sie „als wertvoll" genug angesehen werden, Mitglied oder volles Mitglied dieser Gruppe zu werden (Auswahl durch die Gruppe erst nach erfolgter „Aufnahmeprüfung").

Beispiel: Bei Studentenverbindungen müssen z.B. neue Mitglieder sich erst eine bestimmte Zeit bewähren und dabei einige Leistungen für die Gemeinschaft erbringen, bevor sie als gleichwertige Mitglieder aufgenommen werden.

Gefahren und Druck von außen („Feinde")

Ein weiterer Faktor sind Gefahren oder Druck aus der Umwelt der Gruppen oder ein gemeinsamer Feind oder Konkurrent. In diesem Fall werden häufig interne Streitigkeiten vergessen und die Energie gebündelt, um den gemeinsamen Feind bekämpfen zu können.

Beispiel: Während es beim Training einer Fußballmannschaft manchmal zu Gegensätzen zwischen Abwehr und Angriff kommt, wird beim Spiel gegen einen Gegner eng zusammengearbeitet.

Gemeinsam verbrachte Zeit

Die Gruppenkohäsion ist – bis zu einer gruppenspezifischen Obergrenze – tendenziell umso größer, je mehr Zeit die Gruppenmitglieder miteinander verbringen.

Häufigkeit der Interaktion

Die Gruppenkohäsion ist auch umso größer, je häufiger die Gruppenmitglieder miteinander sprechen und agieren können. Da dies in kleineren Gruppen eher als in großen Gruppen der Fall ist, ist die Kohäsion in kleineren Gruppen tendenziell größer.

Erfolg der Gruppe

Ein besonders wichtiger Faktor ist auch der Erfolg. Je größer und je häufiger eine Gruppe Erfolg hat, desto größer ist die Kohäsion.

3.4.2 Wirkungen hoher Gruppenkohäsion

In Bezug auf die Zufriedenheit ist die Frage nach den Auswirkungen der Gruppenkohäsion leicht zu beantworten: **Die Zufriedenheit in der Gruppe ist umso höher, je höher die Gruppenkohäsion ist.**

Schwieriger ist die Antwort in Bezug auf die Leistung. Ein hohes Zusammengehörigkeitsgefühl von Arbeitsgruppen kann im Hinblick auf die Erreichung der Unternehmensziele positive wie auch negative Auswirkungen haben.

Zunächst bewirkt hohe Gruppenkohäsion, dass die Gruppenmitglieder sich freuen, Mitglied der Gruppe zu sein. Sie sind auch eher bereit, an den Aktivitäten der Gruppe teilzuhaben, die Gruppenziele und die Gruppennormen zu akzeptieren und fehlen seltener bei der Arbeit. Dies führt dazu, dass bei hoher Gruppenkohäsion die Leistungen der einzelnen Gruppenmitglieder weniger streuen als bei niedriger Gruppenkohäsion.

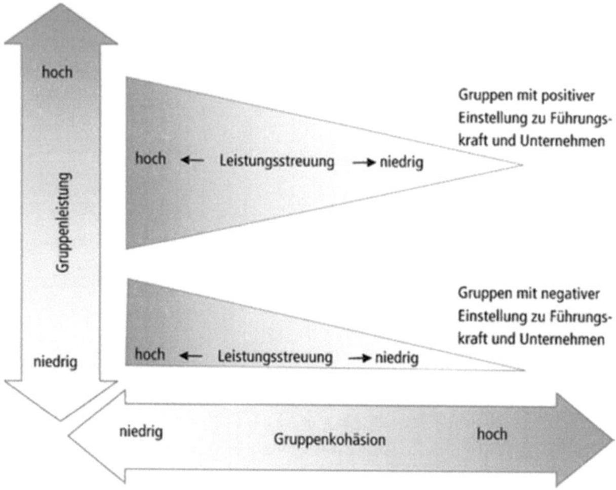

Abb. 18 Einfluss hoher bzw. niedriger Gruppenkohäsion auf die Gruppenleistung in Abhängigkeit zur Einstellung zur Führungskraft und zum Unternehmen

Ob dies für das Unternehmen positiv oder negativ ist, hängt davon ab, ob die Gruppenziele im Einklang mit den Unternehmenszielen stehen und die Mitarbeiter die Führungskraft akzeptieren oder nicht (Weinert 2004, S. 406 ff.). Wenn Gruppenziele und Unternehmensziele übereinstimmen, die Mitarbeiter die Führungskraft akzeptieren und das Management die Gruppe unterstützt, dann führt hohe Gruppenkohäsion zu erhöhter Produktivität. Falls jedoch Gruppen- und Unternehmensziele einander widersprechen, bewirkt eine hohe Gruppenkohäsion, dass die Gruppenmitglieder unter dem „Schutzmantel" der Gruppe eher bereit sind, passiven oder sogar aktiven Widerstand gegenüber Ansprüchen des Managements zu leisten. Dies kann sogar bis zur offenen Arbeitsverweigerung oder gar bis zur Sabotage führen.

3.5 Gruppendenken und Gruppendruck

Gruppendenken ist die Tendenz von Mitgliedern von Gruppen, sich so sehr dem Gruppendruck zu unterwerfen, dass sie nicht mehr kritisch denken und die möglicherweise korrigierenden Informationen von Außenstehenden ignorieren. Damit verbunden ist auch, dass bei hohem Zusammengehörigkeitsgefühl von Gruppen Mitglieder mit abweichender Meinung einem hohen **Gruppendruck** ausgesetzt werden.

Häufig wird die Einführung von Gruppenarbeit als ein sozialer Forstschritt dargestellt, wenn dabei wie bei den sogenannten teilautonomen Gruppen wichtige Führungs- und Managementfunktionen auf die Gruppe und somit auf die Betroffenen übergehen. Es ist aber keineswegs sichergestellt, dass sich dadurch der Freiheitsgrad von einzelnen Gruppenmitgliedern erhöht. Ganz im Gegenteil: Gruppen können auf einzelne Gruppenmitglieder einen weitaus größeren Druck und Kontrolle ausüben, als es der Vorgesetzte könnte, da er nur beschränkt alle Mitarbeiter zugleich kontrollieren und steuern kann.

Wenn es zu Gruppendenken kommt, dann kann dies dazu führen, dass Gruppen sehr riskante und sehr falsche Entscheidungen treffen (Weinert 2004, S. 430 f.). Durch Gruppendenken verringern sich sowohl die Fähigkeiten zum Erkennen und zu Lösen von Problemen als auch die moralische Urteilsfähigkeit von Gruppenmitgliedern. Die Kritikfähigkeit innerhalb der Gruppe verringert sich und die Einschätzung von Personen und Gruppen außerhalb der Gruppe wird negativer (Robbins 2001, S. 292 ff.).

Die Gefahren des Gruppendenkens können auch bei einer Gruppenpolarisation auftreten. Bei einer Gruppenpolarisation spaltet sich die Gruppe in zwei Teilgruppen auf, bei denen jeweils die

Gefahr besteht, dass es zu einem (Teil-)Gruppendenken kommt. Diese Entwicklung kann dazu führen, dass die Gruppe auseinanderbricht und dass die dominierende Teilgruppe in ihrem Gruppendenken bestärkt wird und sehr einseitige Entscheidungen trifft.

Abb. 19 Gefahren des Gruppendenkens

Aufgrund dieser Gefahren sollte man sehr sensibel sein, wenn man Entwicklungen zum Gruppendenken wahrnimmt. Zur Vermeidung von Gruppendenken gibt es einige hilfreiche Vorgehensweisen (Weinert 2004, S. 432).

Vorgehensweisen zur Vermeidung von Fehlentscheidungen aufgrund des Gruppendenkens

Eine sehr geeignete Methode zur Vermeidung von Gruppendenken ist die **nominale Gruppentechnik**. Bei der nominalen Gruppentechnik kommen 5–7 Personen zusammen und erhalten eine Erläuterung des Problems. Dann schreibt jeder individuell und unbeobachtet seinen Vorschlag für eine Problemlösung auf. Anschließend stellt jeder seinen Vorschlag dar, der zugleich vom Gruppenleiter auf einer Wandtafel oder Ähnlichem notiert wird. Im nächsten Schritt wird jeder Vorschlag von jedem Gruppenmitglied diskutiert, Unklarheiten geklärt und bewertet. Nachdem alle Vorschläge behandelt worden sind, wird jeder Vorschlag in geheimer Abstimmung eingestuft und der insgesamt am besten eingestufte Vorschlag ist dann der Vorschlag der Gruppe. Diese Technik heißt

„nominal", weil es sich nur dem Namen nach um eine Gruppe handelt und nicht in allen Aspekten. Durch moderne Telekommunikationsmethoden kann diese Technik auch angewendet werden, wenn die Teilnehmer räumlich getrennt sind.

Der Vorteil ist, dass bei dieser Technik der Druck durch wichtige Gruppenmitglieder verringert werden kann, die Gefahr von Gruppendenken und Gruppenreduzierung geringer ist als bei üblichen Gruppensitzungen und dass sie nur wenig Zeit bis zur Findung eines Lösungsvorschlags in Anspruch nimmt. Sie ist jedoch nur für überschaubare und nicht für komplexe Probleme geeignet. Weiterhin ist die Akzeptanz des gefundenen Vorschlags durch alle Gruppenmitglieder in der Regel geringer als bei den üblichen Gruppensitzungen.

Folgende weitere Vorgehensweisen sind ebenfalls geeignet, den Gefahren des Gruppendenkens entgegenzuwirken:

- Offenes und kritisches Nachfragen und Nachforschen fördern (z.B. ein Gruppenmitglied spielt die Rolle des „Avocado Diabolo").
- Entscheidung auf der Grundlage der Ergebnisse der Gruppenarbeit von zwei Subgruppen treffen.
- Kurzschlussentscheidungen vermeiden: Aufgrund des Gruppendenkens kann es zu voreiligen Entscheidungen kommen, die alle als die perfekte Entscheidung ansehen.
- Zweites Meeting durchführen, bei dem die Gruppenmitglieder ihre Zweifel äußern sollen.
- Vorstellungen des Gruppenleiters nicht zu Beginn und nicht dominant einbringen.

3.6 Risikoschub

Nahezu alle Entscheidungen in der Praxis werden unter Risiko getroffen, d.h., man kann sich nicht sicher sein, ob die gewünschten Ergebnisse eintreffen. Aufgrund der genannten Vorteile von Gruppen sollte man vermuten, dass Gruppen zu weniger riskanten Entscheidungen und eher zu „Mittelwegen" tendieren, weil sich risikofreudige und risikovermeidende Tendenzen der einzelnen Gruppenmitglieder gegenseitig aufheben.

Aufgrund früherer Untersuchungen wurde vermutet, dass es bei Gruppenentscheidungen unter Risiko zu riskanteren Entscheidungen kommen kann, als wenn Einzelpersonen entscheiden (Weinert 2004, S. 433 f.). Dieses Phänomen wird als „**Risikoschub**" bezeichnet. Neuere Untersuchungen zeigen jedoch, dass bei Gruppenentscheidungen aber auch eine Tendenz zu vorsichtigeren Entscheidungen feststellbar ist (Wegge 2004, S. 79). Es scheint, dass bei Gruppenentscheidungen oft die Entscheidungen ausgeprägter werden, die bereits vorher in der Gruppe vorherrschten.

Zur **Erklärung des Risikoschubs** zu riskanteren Entscheidungen sind verschiedene Ansätze entwickelt worden:

- **Verteilung von Verantwortung**: Wenn es schief läuft, verteilt sich die Verantwortung auf alle Gruppenmitglieder und nicht auf eines allein.
- **Vermeintlich höheres Informationsniveau**: Durch die Diskussion meinen die Gruppenmitglieder besser Bescheid zu wissen und trauen sich dann riskantere Entscheidungen zu.
- **Risikobereite Gruppenmitglieder**: Besonders risikobereite Gruppenmitglieder beeinflussen die anderen Mitglieder der Gruppe, weil sie als risikobereitere Personen oft leichter und engagierter ihre Vorstellungen äußern als vorsichtigere Personen, die sich auch beim Äußern ihrer Vorstellungen zurückhalten.
- **Risikofreudigkeit als kultureller Wert**: Wenn Risikofreude als kultureller Wert hochgeschätzt wird, möchte man vor anderem diesem Wert nahe kommen.

Folgende **Maßnahmen** können beitragen, den Risikoschub zu kontrollieren:

- Vor riskanten Entscheidungen eine Pause einlegen (umgangssprachlich „nochmals überschlafen").
- Geheime Abstimmung: Durch die geheime Abstimmung fällt es den vorsichtigeren Personen leichter, ihre Skepsis auszudrücken, als wenn sie dies öffentlich tun müssen. Es kommt nicht selten vor, dass man aufgrund der Diskussion meinen könnte, dass es eine klare Mehrheit für die riskante Lösung gibt. Die geheime Abstimmung ergibt jedoch oft das Gegenteil.

- Bei kleineren Teams ist die Verantwortung nicht so verteilt. Deshalb kann es sehr sinnvoll sein, bei riskanten Entscheidungssituationen mit kleinen Teams zu arbeiten.

Angesichts all dieser besonderen Gefahren und Phänomene der Gruppenarbeit wird deutlich, dass an die Führung von Gruppen besondere Anforderungen zu stellen sind. Mit dem nachfolgenden Modell wird ein Bezugsrahmen vorgestellt, der dazu beitragen soll, effektiv Gruppen führen zu können.

4 Strategien zur Sicherstellung guter Gruppenleistungen: Teamführungsmodell

Mithilfe des Teamführungsmodells werden die Variablen zur Beeinflussung von Gruppen durch die Führungskraft dargestellt und wichtige Zusammenhänge aufgezeigt (Kellner 1999 und Kogler Hill 2004). Obwohl das Teamführungsmodell von einem Gruppenleiter ausgeht, kann es auch für autonome Gruppen als ein Bezugsrahmen genutzt werden, um systematisch die eigene Arbeit zu analysieren und Ansätze zur Verbesserung ihrer Arbeit zu erkennen.

4.1 Entscheidungen der Führungskraft zur Steuerung und Führung der Gruppe

Zunächst muss die Führungskraft entscheiden, in welcher Weise sie grundsätzlich das Gruppenverhalten beeinflussen will:

1. **Ist es sinnvoll die Prozesse, die in der Gruppe ablaufen und deren Ergebnisse nur zu beobachten oder soll die Führungskraft gezielt eingreifen?**

   Beispiel (Birkenbihl 2005, S. 145): In der zweiten Phase der Gruppenarbeit geht es auch darum, die Rangordnung in der Gruppe zu klären, damit später die Sacharbeit weitgehend ohne Störung durch Rangordnungskämpfe durchgeführt werden kann. Im Regelfall sollte die Führungskraft diese Auseinandersetzungen als normale Entwicklung in einem Team akzeptieren und wissen, dass es dazu einiger Zeit braucht. Um zu vermeiden, dass durch die Rangordnungskämpfe wichtige Entscheidungen im Zusammenhang mit dem Gruppenauftrag beeinträchtigt werden, kann es in dieser Phase u.U. sinnvoll sein, eine Gelegenheit zur Klärung dieser Rangordnungen zu geben. Die Führungskraft gibt der Gruppe eine „strategische Verfahrensfrage" zur Entscheidung, die keine große Bedeutung im Hinblick auf das Gruppenziel hat, und hält sich aus dieser Entscheidungsfindung heraus. Nun kann anhand dieser Frage die Rangordnungsauseinandersetzung stattfinden und die Rangordnung sich herausbilden, ohne dass

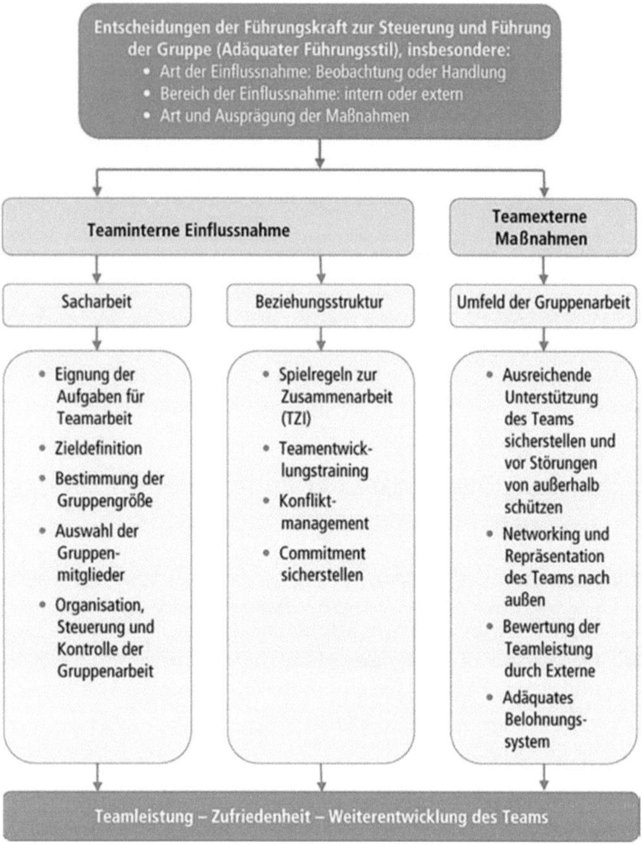

Abb. 20 Das Teamführungsmodell

die Gruppenaufgabe davon tangiert ist. Derartige taktische Verfahrensfragen könnten z.B. die Fragen sein, an welchem Ort das nächste Meeting stattfinden soll, wie man den Urlaubszeitpunkt der Teammitglieder koordinieren will oder in welches Restaurant man nach dem Meeting gehen soll.

2. Falls der Gruppenleiter es als erforderlich ansieht, in das Gruppengeschehen einzugreifen, muss er entscheiden, ob diese Einflussnahme in der Gruppe (internal) oder in Bezug auf das Umfeld der Gruppe (external) erfolgen soll. Um diese Entschei-

dung treffen zu können, kann es sinnvoll sein, dass er sich z.B. folgende Fragen stellt: „*Erhält die Gruppe genügend Unterstützung durch das Unternehmen? Handelt es sich um einen Konflikt zwischen den Gruppenmitgliedern? Sind die Ziele genügend klar und verstanden?*“

3. Der Gruppenführer muss auch entscheiden, **welche Maßnahmen jeweils angemessen sind.** Diese Entscheidung hängt in hohem Maße von der Zielsetzung der Gruppenarbeit und der Art der Gruppe ab. Handelt es sich um eine Gruppe mit hohem Autonomiegrad (teilautonome und selbststeuernde Gruppe), dann wird sich die Einflussnahme auf die Beobachtung, Beratung und evtl. Moderation beschränken. Das wesentliche Merkmal der Moderation ist, dass der Gruppenleiter sich aus der inhaltlichen Diskussion heraushält. Er darf seine eigene Meinung zu den Sachthemen nicht äußern, auch nicht durch Signale der nonverbalen Kommunikation. Da dies Führungskräften häufig nicht möglich ist, werden oft externe Moderatoren eingesetzt.

4. Bei diesen Entscheidungen geht es auch darum, den **angemessenen Führungsstil** zu finden. Es sind dabei die Mitarbeiter und die Aufgabensituation zu beachten.

Mit Fragen der Führung von Gruppen befasst sich insbesondere die **Leader-Member-Exchange-Theorie (LMX-Theorie)** von Graen (Wegge, S. 167–170). Nach dieser Theorie werden nicht alle Gruppenmitglieder in gleicher Weise vom Gruppenführer geführt. Zu einige Gruppenmitglieder entwickelt der Vorgesetzte eine positive Beziehung, die geprägt ist von gegenseitigem Respekt, Wertschätzung und Vertrauen. Diese Gruppenmitglieder bilden die In-Gruppe oder auch Kerngruppe im Gegensatz zur Out-Gruppe. Mitglieder der In-Gruppe werden z.B. bevorzugt behandelt, erhalten mehr und früher wichtige Informationen, werden mit wichtigen Aufgaben betreut und ihre Karriere wird gefördert. Dafür zeigen sie größeren Arbeitseinsatz, erbringen eher Goodwill-Beiträge und verhalten sich gegenüber dem Vorgesetzten loyaler. Durch empirische Untersuchungen konnte belegt werden, dass es diese unterschiedliche Beziehungsstrukturen zwischen Vorgesetzten und Mitarbeitern gibt. Es konnte weiterhin aufgezeigt werden, dass je mehr gute Beziehungen der Vorgesetzte zu Mitgliedern der In-Gruppe hat, desto größer waren die Leistung, die Arbeitszufriedenheit und die Bindung zur Organisation bzw. zum Unternehmen. Rollenkonflikte und Fluktuation dagegen nahmen ab (Wegge S. 168 f.).

Dies zeigt auch, dass das Führungsverhalten des Vorgesetzten und seine Beziehungen zu den Gruppenmitgliedern erhebliche Auswirkungen auf die Gruppenleistung haben (Kogler Hill 2010, S. 255). Effektive Gruppenführer zeichnen sich insbesondere dadurch aus (Kogler Hill 2010, S. 255 f.), dass sie

- dafür Sorge tragen, dass die Gruppe auf die Zielerreichung fokussiert ist und bleibt,
- ein kooperatives Arbeitsklima entwickeln und erhalten,
- wechselseitiges Zutrauen und Vertrauen zwischen den Gruppenmitgliedern aufbauen,
- ihre fachlichen Fähigkeiten demonstrieren,
- klare Prioritäten setzen und
- die Leistungserbringung professionell managen.

4.2 Teaminterne sachbezogene Maßnahmen

Dies sind Maßnahmen, die sich auf die Gruppenaufgabe, das Ziel der Gruppe, ihre Größe und die Auswahl der Mitglieder beziehen sowie auf das aufgabenbezogene Management der Gruppe.

4.2.1 Eignung der Gruppenarbeit für Teamarbeit

Gruppen- und Teamarbeit ist heute so verbreitet, dass oft nicht geprüft wird, ob für eine bestimmte Aufgabe Gruppenarbeit überhaupt geeignet ist.

Allgemein kann man Gruppenarbeit empfehlen bei (Baron/Greenberg 1990, S. 284 ff. und Riekehof 1999, S. 395):

- **additiven Aufgaben**: Die Arbeitsleistungen der einzelnen Gruppenmitglieder addieren sich zur Gesamtleistung der Gruppe.

  Beispiel: Mehrere Personen mähen einen Rasen oder fegen Schnee von der Straße.

  Die Leistung einer Gruppe ist größer als die Leistung des besten Gruppenmitglieds. Teamarbeit ermöglicht somit die Addition von Kräften und den Fehler- oder Wissensausgleich. Wenn die Arbeitsaufgabe das Leistungsvermögen einer Person übersteigt, dann müssen die Kräfte mehrerer Personen gebündelt werden. Dies kann der Fall sein beim Heben schwerer Lasten oder wenn es auf ein breit gefächertes Wissen ankommt und mehrere Spezialisten aus unterschiedlichen Fachgebieten zusammenarbeiten müssen. Grundsätzlich ist Gruppenarbeit dann geeignet, wenn es darum geht, die Fähigkeiten von vielen Personen zusammenzufassen und auch die wechselseitige geistige Befruchtung und Anregung bei der Problemlösung zu nutzen.

- **Schätzaufgaben oder kompensatorischen Aufgaben**:

  Beispiel: Eine Gruppe soll die Temperatur in einem Raum schätzen. Die Abweichungen nach oben und nach unten kompensieren sich dann.

  Bei diesem Aufgabentyp sind keine eindeutigen Verfahren vorgegeben. Es kommt auf die Zusammenführung des Wissens und der Erfahrung mehrerer Personen an. Die Leistung der Gruppe ergibt sich als Durchschnitt der Leistungen der Gruppenmitglieder. Bei kompensatorischen Aufgaben haben Gruppen häufig bessere Leistungen als Einzelpersonen.

- **alternativen Entscheidungsaufgaben (disjunktive Aufgaben)**:

  Bei disjunktiven Aufgaben ist eine von mehreren Alternativen zu wählen. Es gibt keinen Kompromiss (mehr oder weniger), sondern nur ein „entweder oder".

  Beispiel: Weggabelung, bei der man entscheiden muss, ob man links oder rechts geht.

  Gruppen haben tendenziell bessere Leistungen, wenn die korrekte Lösung von der Gruppe akzeptiert wird.

- **konjunktiven Aufgaben**:

  Bei konjunktiven Aufgaben wird die Gruppenleistung durch die Leistung des schwächsten Gruppenmitglieds mitbestimmt.

  Beispiel: Seilschaft oder „eine Kette ist nicht stärker als ihr schwächstes Glied". Trotzdem: Eine Seilschaft kann durch gegenseitige Unterstützung manchmal steilere Berge erklimmen als viele Einzelpersonen allein, sofern das schwächste Glied nicht zu schwach ist.

  Es geht darum, welcher Effekt stärker ist: die Leistungseinschränkung durch das schwächste Glied oder der Leistungsvorteil durch die gegenseitige Hilfestellung.

- **komplexen Problemen**:

  Beispiel: Bei der Entwicklung neuer Produkte handelt es sich um komplexe und unklare Problemstellungen. Deshalb sind Produktentwicklungsteams häufig heterogen und interdisziplinär zusammengesetzt.

  Bei komplexen, unklaren Problemen kann eine Gruppe in der Regel bessere Entscheidungen finden, wenn die Gruppe heterogen zusammengesetzt ist, d.h. aus Experten aus verschiedenen Wissensgebieten, und wenn die Gruppenmitglieder komplementäre Fähigkeiten und Qualifikationen aufweisen. Es ist aber auch dann erforderlich, dass alle ihre Ideen frei äußern können und die guten Ideen von der Gruppe akzeptiert werden.

- **einfach strukturierten Problemen**:

  Beispiel: Je mehr Personen beteiligt sind, umso größer ist die Wahrscheinlichkeit, dass eine Person die richtige Lösung kennt. Deswegen gibt es bei einem bekannten Quiz im Fernsehen die sogenannte Publikumsfrage, bei der sehr oft das Publikum die richtige Antwort findet.

  Auch bei einfachen Problemen sind Gruppen dann besser als Einzelpersonen, wenn jemand in der Gruppe die richtige Antwort weiß und diese Antwort von der Gruppe auch akzeptiert wird.

- **Ist es für die Güte der Entscheidung wichtig, dass sie von möglichst vielen akzeptiert wird?** In diesem Fall ist Gruppenarbeit sinnvoll, wenn man alle Betroffenen oder, falls das zu viele wären, Vertreter aller betroffenen Gruppierungen in die Gruppe aufnimmt, die die Entscheidung vorzubereiten oder zu treffen hat.

Dagegen sollte Gruppenarbeit nicht angewendet werden (Baron/Greenberg 1990, S. 284 ff. und Riekehof 1999, S. 395):

- **wenn nur wenig Zeit zur Verfügung steht und bei Notfällen**: Ein offenkundiger Nachteil von Gruppenentscheidungen ist, dass sie sehr zeitaufwendig sind, dass man sie vielfach sogar als Zeitverschwendung empfindet. Wenn eine Aufgabe schnell erledigt werden soll oder wenn im Notfall schnell entschieden werden muss, dann ist Einzelarbeit oder Einzelentscheidung sinnvoll.
- **bei sorgfältiger Detailarbeit**: Hier ist oft Einzelarbeit besser, da die Ablenkung durch die Anwesenheit anderer unterbleibt.

- **bei schriftlich konzeptionellen Aufgaben**, z.B. der Erstellung des Entwurfs einer Werbebroschüre.
- **bei Planungsaufgaben, die ein hohes Maß an Genauigkeit und Abstimmung von verschiedenen Aspekten erfordern**.
- **bei kreativen Aufgabenstellungen**, wenn nicht sichergestellt werden kann, dass die Gruppe kreative Lösungen zulässt. Dann sollte man eher Individuen damit beauftragen.

4.2.2 Klare Definition des Zieles und des Auftrages

Im Vergleich zur Festsetzung von Zielen für Einzelpersonen kommen bei Gruppen zusätzliche Phänomene zum Tragen. Oftmals interpretieren die Gruppenmitglieder die Ziele unterschiedlich oder es sind ihnen die Ziele der Gruppenarbeit nicht hinreichend klar. Eine wichtige Voraussetzung für erfolgreiche Gruppenarbeit ist, dass insbesondere bei Gruppenarbeit die **Gruppenziele klar spezifiziert** (Mitchell/Thompson/George-Falvy 2000, S. 219 f.) und **ausreichend kommuniziert** werden. Weiterhin sollte auch überprüft werden, ob die Kommunikation erfolgreich war: „*Gesendete Kommunikation ist nicht gleich empfangener Kommunikation.*“ Aber nur die empfangene Kommunikation wirkt auf das Handeln, Denken und Fühlen.

Beispiel: Bei Servicegruppen der Rank Xerox in Kanada hatte man ein umfangreiches Programm durchgeführt, um die Gruppenmitglieder über die Ziele ihrer Gruppe zu informieren. Es wurden unterschiedliche Kommunikationskanäle genutzt: Videobänder, Newsletter, Besprechung mit allen Gruppen und Besprechungen innerhalb der Gruppen, Informationsblätter in den Gehaltsabrechnungen, Schulungsveranstaltungen und Gespräche mit einzelnen Gruppenmitgliedern. Bei einer Umfrage einige Monate später über die Ziele und Zwecke der Gruppenarbeit konnten trotz dieser immensen Kommunikationsmaßnahmen nur 50% der Mitarbeiter annähernd richtige Antworten geben.

In weitaus höherem Ausmaß als bei der Zielbestimmung für Individuen ist die Anzahl der **Ziele für eine Gruppe zu beschränken** und darauf zu achten, dass diese **Ziele in sich widerspruchsfrei** sind. Bei mehreren Zielen für die Gruppe kann es sehr schnell zu unterschiedlichen Auffassungen darüber kommen, welche Ziele größere Priorität haben. Deshalb ist zunächst die Anzahl von Zielen einer Gruppe zu beschränken: Viele Ziele für eine Gruppe führen dazu, dass es kein Gruppenziel mehr gibt.

Herausfordernde Ziele können die Attraktivität einer Gruppe erhöhen und die Gruppenkohäsion verstärken.

Es ist auch nicht immer sichergestellt, dass die Gruppenziele mit den Zielen aller einzelnen Gruppenmitglieder übereinstimmen.

Beispiel: Ein Außendienstmitarbeiter hat gute Beziehungen zu einem wichtigen Kunden. Er möchte diese Beziehungen exklusiv pflegen, da damit auch seine Stellung (Machtposition) im Unternehmen gestärkt wird. Die Gruppe und insbesondere der Gruppenleiter hat das Ziel sicherzustellen, dass wichtige Kunden sich intensiv dem Unternehmen und nicht einzelnen Mitarbeitern verbunden fühlen. Er möchte deshalb selbst mit dem Kunden verhandeln und wünscht, dass der Außendienstmitarbeiter dies einleitet.

Dies zeigt sich häufig erst in kritischen Situationen, wenn es darum geht, zur Erreichung der Gruppenziele auf eigene Bedürfnisse zu verzichten. Eine wichtige Aufgabe der Gruppenleitung ist es deshalb, die Akzeptanz der Gruppenziele durch die Gruppenmitglieder sicherzustellen.

4.2.3 Bestimmung der richtigen Gruppengröße

Wenn eine Gruppe viele Mitglieder hat, dann kann sie eher eine umfangreiche Aufgabe bewältigen als eine kleine Gruppe. Andererseits erhöht sich bei einer großen Gruppe der Aufwand für die Koordination der Arbeit und für das Treffen von Entscheidungen in der Gruppe und auch die Gefahr, dass die Gruppe sich in Teilgruppen aufspaltet. Die Bestimmung der Gruppengröße ist somit ein Balanceakt zwischen diesen beiden Aspekten.

In vielen Untersuchungen hat sich gezeigt, dass eine Gruppengröße von ca. 5 plus oder minus 1 oder 2 Personen eine optimale Anzahl von Gruppenmitgliedern im Hinblick auf eine optimale Leistung bei relativ geringer Wahrscheinlichkeit des Trittbrettfahrens darstellt (Robbins 2001, S. 284 ff.). Wenn es allerdings das Ziel der Gruppe ist, möglichst viel unterschiedlichen Input von außerhalb in die Gruppenarbeit zu erhalten, dann kann auch eine größere Mitgliederanzahl von 12 oder mehr Mitgliedern sinnvoll sein. Zur Vermeidung von Pattsituationen ist es weiterhin angebracht, eine ungerade Anzahl von Gruppenmitgliedern zu wählen.

4.2.4 Auswahl der Gruppenmitglieder

Nicht jeder Mitarbeiter ist für die Arbeit in Gruppen geeignet. Eine erste Voraussetzung ist, dass der Mitarbeiter dazu bereit ist, in einer Gruppe zu arbeiten. Weiterhin muss der Mitarbeiter „teamfähig" sein, d.h., er muss z.B. auf andere eingehen können, er muss angemessen kommunizieren können.

In einer Gruppe kann man auch arbeitsteilig vorgehen, sodass jeder die Fähigkeiten einbringen kann, bei denen er am besten ist. Bei komplexen, unklaren Problemen kann eine Gruppe in der Regel bessere Entscheidungen finden, wenn die Gruppe heterogen zusammengesetzt ist. Dies kann erfolgen durch Experten aus verschiedenen Wissensgebieten, durch Gruppenmitglieder mit komplementären, sich ergänzenden Fähigkeiten und Qualifikationen oder auch durch Gruppenmitglieder, die unterschiedliche biografische Merkmale haben (Alter, Geschlecht, Berufserfahrung usw.). Es ist aber auch dann erforderlich, dass alle ihre Ideen frei äußern können und die guten Ideen von der Gruppe akzeptiert werden.

Auch Mitarbeiter, die in Bezug auf die Sachaufgabe der Gruppe nicht so leistungsfähig sind, können wichtige Funktionen für den Prozess der Gruppenarbeit übernehmen. Neben der fachlichen Qualifikation ist es auch wichtig, dass im Team bestimmte Rollen wahrgenommen werden. Dabei kann ein Teammitglied durchaus mehrere Rollen wahrnehmen.

4.2.5 Organisation, Steuerung und Kontrolle der Gruppenarbeit

Damit eine Gruppe gut arbeiten kann, sind die **organisatorischen Voraussetzungen** zu schaffen:

- Planung der Gruppenarbeit,
- Verteilung der Aufgaben,
- Klärung von Aufgabenfeldern und Rollen,
- Koordination der Arbeit der einzelnen Gruppenmitglieder und
- Controlling der Gruppenarbeit.

Dazu gehört auch ein **Informationssystem**, das möglichst zeitnah über die Gruppenleistung Auskunft gibt. Die Gruppenführung oder die Gruppe selbst müssen **Standards** („**Standards of Excel-**

lence“) für Leistung festlegen und überprüfen. Diese Leistungsstandards müssen so festgelegt sein, dass die Gruppenmitglieder durch sie motiviert werden, sehr hohen Leistungen zu erbringen. Ursachen für unzureichende Leistungen sind festzustellen und die entsprechenden Maßnahmen sind einzuleiten, wie z.B. Schulungen. Falls ein Gruppenmitglied nicht willens oder trotz angemessener Unterstützung nicht in der Lage ist, mit ausreichenden Leistungen zum Gruppenziel beizutragen, dann kann es erforderlich sein, dass das Gruppenmitglied die Gruppe verlässt.

Es ist aber auch wichtig, dass sich das Team insgesamt Zeit nimmt, über seinen **Leistungsstand nachzudenken** und zu überlegen, wie man diesen verbessern kann. Gerade Teams mit schlechter Leistung sind dazu oftmals nicht bereit, weil sie vermeintlich dazu keine Zeit haben. Dies führt aber dazu, dass sie ihre Leistung nicht verbessern können und damit immer schlechter werden und noch weniger Zeit haben. Manchmal führt dieser Prozess zur Hyperaktivität: **Hyperaktivität** bei Gruppen drückt sich darin aus, dass zu schnell nach Lösungen gesucht wird und dabei ein Vorschlag nach dem anderen in einer Art von Verzweiflung abgehakt wird, ohne ihn genau zu prüfen. Häufig wird dann aus Zeitmangel irgendeine Lösung akzeptiert. Besser ist es, die einzelnen Vorschläge angemessen durchzuarbeiten und zu prüfen, ob man in der Lage ist, die einzelnen Vorschläge zu realisieren.

4.3 Teaminterne Maßnahmen im Hinblick auf die Beziehungsstruktur

Für den Erfolg einer Gruppe auch im Hinblick auf die Sacharbeit sind die Stimmung und die Zufriedenheit mit der Gruppenarbeit insgesamt sowie die Beziehungen und Gefühle der Gruppenmitglieder zueinander von entscheidender Bedeutung. Es ist deshalb wichtig, die Zufriedenheit in der Gruppe zu beobachten, z.B. durch Analyse der nonverbalen Kommunikation oder durch explizites Abfragen der Gemütslage.

Beispiel: Mithilfe eines so genannten „Stimmungsbarometers“ kann man versuchen, die Stimmung in der Gruppe zu erfassen. Als Stimmungsbarometer fungiert ein Plakat, auf dem eine Art von Skala dargestellt wird, und die

Gruppenmitglieder können darauf durch Ankleben von Punkten oder Ankreuzen ihre derzeitige Stimmungslage kundtun.

Das Stimmungsbarometer oder eigentlich besser Stimmungsthermometer kann ähnlich wie ein Thermometer in der Medizin als ein Instrument zur Feststellung von Symptomen genutzt werden. Falls Abweichungen vom Normwert vorhanden sind, gilt es zu diagnostizieren, zu analysieren, was die Ursachen sind, und dann zu entscheiden, ob und was man unternehmen will. Analog zur Messung der Körpertemperatur bedeutet allerdings eine hohe Zufriedenheit mit der Gruppenarbeit nicht unbedingt, dass die Gruppenarbeit effektiv stattfindet.

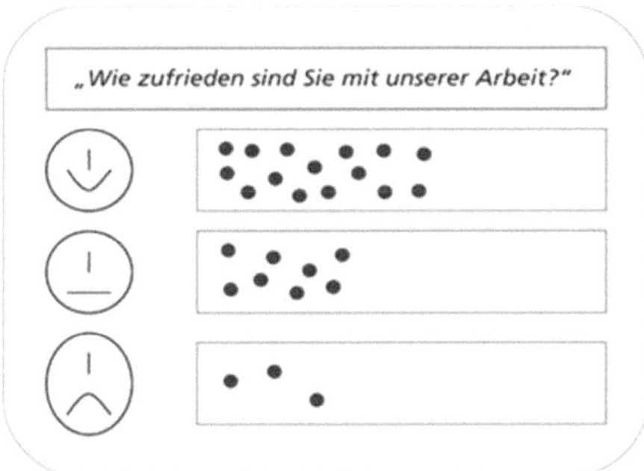

Abb. 21 Beispiel für ein „Stimmungsbarometer – oder -thermometer"

4.3.1 Einflussnahmen in den einzelnen Phasen der Gruppenarbeit

Je nachdem, in welcher Phase der Gruppenarbeit sich die Gruppe befindet, sind in der Regel bestimmte Maßnahmen empfehlenswert.

1. **Phase: Zusammenfindung (Forming)**
   In dieser Phase gilt es für den Teamleiter, die richtige Balance zu finden, den Mitgliedern einerseits Zeit und Raum zu geben, sich zusammenzufinden und andererseits den Prozess voranzubringen.

2. **Phase: Auseinandersetzungen (Storming)**
   Beim Storming kommt es häufig dazu, dass die Notwendigkeit und der Nutzen der Gruppe infrage gestellt werden. Dies kann dazu führen, dass die Gruppe daran zerbricht und sich auflöst.

Um dies zu verhindern, kann es u.U. sinnvoll sein, eine möglicherweise manipulative Maßnahme anzuwenden: Die Führungskraft gibt der Gruppe eine Frage zur Entscheidung, die keine große Bedeutung im Hinblick auf das Gruppenziel hat (strategische Verfahrensfrage) und hält sich aus dieser Entscheidungsfindung heraus. Nun können anhand dieser Frage die Rangordnungsauseinandersetzungen stattfinden und die Rangordnung sich herausbilden, ohne dass die Gruppenaufgabe davon tangiert ist (Birkenbihl 2005, S. 145).

3. **Phase: Entwicklung von Normen (Norming)**
   Es ist wichtig, dass die Führungskraft in der Phase des Normings auf Mitarbeiterbedürfnisse und Beziehungen in der Gruppe Rücksicht nimmt (mitarbeiterorientierter Führungsstil), damit sich ein großes Zusammengehörigkeitsgefühl entwickeln kann. Dieses Zusammengehörigkeitsgefühl wiederum kann dazu beitragen, dass die Gruppe sich mit der Führungskraft verbunden fühlt und hohe Leistungen erbringt.

4. **Phase: Leistung**

   Wenn es der Führungskraft gelungen ist, eine Gruppe mit hohem Zusammengehörigkeitsgefühl und hoher Verbundenheit mit der Führungskraft und dem Unternehmen zu entwickeln, dann kann sie in dieser Phase verstärkt leistungsorientiert führen und somit eine hohe Gruppenleistung bewirken.

4.3.2 Entwicklung eines kooperativen und konstruktiven Arbeitsklimas und Spielregeln für die Gruppenarbeit: Die Themenzentrierte Interaktion (TZI)

Die Fähigkeit der Gruppenmitglieder, effektiv und vertrauensvoll zusammenzuarbeiten, ist besonders wichtig für eine gute Gruppenleistung (Kogler Hill 2010, S. 254). In einem kooperativen Arbeitsklima in der Gruppe fühlen sich die Gruppenmitglieder sicher, können offen miteinander kommunizieren, sind bereit, sich gegenseitig zu helfen und zu unterstützen.

Die „Spielregeln" der Themenzentrierten Interaktion können helfen, konstruktiv die Zusammenarbeit zu verbessern (Birker/Birker 2001, S. 18 ff.).

Bei der **Themenzentrierten Interaktion** wird versucht, Bedürfnisse des Einzelnen und der Gruppe sowie das Ziel oder Thema der Gruppe angemessen zu berücksichtigen und auszubalancieren.

Abb. 22 Wichtige Elemente der Themenzentrierten Interaktion

Regel	**Erläuterung**
Hier und Jetzt:	Es geht um die Bearbeitung der Probleme hier und jetzt: Hinweise, dass es z. B. früher besser war oder die Hoffnung, dass man in Zukunft vielleicht bessere Möglichkeiten hat, helfen nicht weiter. Sie führen nur dazu, dass man aus der Verantwortung für das Hier und Jetzt flüchtet.
Jeder ist sein eigener Chairman:	Jeder soll selbst seine eigenen Wünsche vortragen. Niemand soll sich „anmaßen", für Andere zu sprechen („*Ich weiß, was Herr X sagen will...*") und deren Wünsche vorzutragen, da damit die Anderen „entmündigt" werden.
Jeder muss seine Wünsche aussprechen:	Wenn jemand etwas will, dann soll er es sagen und nicht durch Körpersprache seine Wünsche mehr oder weniger klar signalisieren und anderen die Verantwortung geben, dass sie seine Körpersprache richtig deuten.

Störungen haben Vorrang:	Wenn ein Gruppenmitglied verärgert, enttäuscht, zurückgesetzt oder sonst in seiner Befindlichkeit gestört ist, dann hat die Bearbeitung dieser Störung Vorrang vor der weiteren Bearbeitung des Sachthemas. Nur wenn alle Gruppenmitglieder „bei der Sache“ und nicht in ihrer Befindlichkeit gestört sind, können sie sich voll auf das Sachthema konzentrieren und gute Beiträge leisten.
Ich-Aussagen und kein Verstecken eigener Meinung hinter Man- oder Wir-Aussagen:	Die Gruppenmitglieder stellen klar, dass es sich um ihre Meinung handelt, zu der sie stehen. Sie verstecken sich nicht hinter „Man-Aussagen“, für die niemand verantwortlich gemacht werden kann, wie *„Das kann man so nicht machen!“* Bei „Wir-Aussagen“ wird häufig der Eindruck erweckt, dass es sich um eine Mehrzahl von Personen handelt, wie *„Wir sollten mal eine Pause machen!“* Da jeder aber nur für sich sprechen soll, kann jeder nur seine Wünsche vortragen.

Abb. 23 Auswahl wichtiger Regeln der TZI

4.3.3 Teamentwicklungstraining

Eine gute Teamarbeit sicherzustellen ist nicht leicht. Deshalb wurden auch spezielle Trainingsformen entwickelt, um die Kompetenz zur Teamarbeit zu fördern (siehe Abbildung 24).

Idealerweise sollten alle Gruppenmitglieder und nur diese an diesem Training teilnehmen. Das Training kann auch anhand von konkreten Ereignissen aus Gruppenarbeiten erfolgen, vielleicht sogar anhand von Geschehnissen in dieser Gruppe. Die erste Trainingsmaßnahme soll auch bereits durchgeführt werden, bevor es zu Problemen in der Gruppenarbeit kommt. Sie kann bereits zu Beginn der Bildung der Gruppe erfolgen und dazu dienen, Regeln der Zusammenarbeit zu formulieren.

Beispiel zur Gestaltung von Trainingsmaßnahmen zur Entwicklung von Teams	
Ziele, Nutzen:	• Aufzeigen, was beim Aufbau von Teams zu beachten ist. • Kenntnisse über gruppendynamische Prozesse und Konflikte sollen Energieverluste vermeiden. • Entwicklung von Hochleistungsteams, Verbesserung der teaminternen Kommunikation, z. B. durch Erlernen von aktivem Zuhören oder der Fragetechnik oder den generellen Gesetzmäßigkeiten der Kommunikation. • Klärung der Beziehungen zwischen den Gruppenmitgliedern und wie man diese Beziehungen verbessern kann. • Training in Techniken effizienter Gruppenarbeit, z.B. Moderatoren -oder Metaplantechnik.
Inhalte:	• Erarbeiten gemeinsamer Zielsetzungen. • Gemeinsame Verbesserung der Prozesse und Strukturen im Team. • Nutzung der Potenziale der Teammitglieder und Integration der Stärken. • Koordinieren der persönlichen und sachlichen Aspekte zur Steigerung der Teameffizienz.
Methoden:	Wissensinput, Arbeitsaufgaben, Rollenspiele, Simulationsübungen (z. B. Bau einer Brücke aus vorgefertigten Teilen oder Finden des richtigen Weges auf einem Teppich mit Schachbrettmuster), Arbeit an konkreten Themen der Gruppe sowie Transfer auf den Aufgabenbereich der Gruppe, Diskussionen, Erfahrungsaustausch.

Abb. 24 Beispiel zur Gestaltung von Trainingsmaßnahmen zur Entwicklung von Teams

4.3.4 Konfliktmanagement

Es kann bei der Gruppenarbeit immer wieder zu Konflikten zwischen Gruppenmitgliedern kommen. Zwar sollten auch die Gruppenmitglieder trainiert sein, Konflikte selbst zu managen; es kann aber trotzdem notwendig sein, dass die Gruppenleitung in die Handhabung des Konfliktes mit eingreift.

4.3.5 Commitment sicherstellen

Eine wichtige Aufgabe der Gruppenleitung ist es, sicherzustellen, dass die Gruppenmitglieder **sich mit ihrer Aufgabe identifizieren** und eng zusammenarbeiten. Unter Umständen kann ein charismatischer oder transformationaler, visionärer Führungsstil dabei sehr hilfreich sein. Insbesondere wenn Erfolge ausbleiben, muss die Führungskraft die Arbeitsmoral stärken. Hilfreich kann es sein, an frühere Erfolge zu erinnern. Es kann auch erforderlich sein, auf die Bedürfnisse einzelner Gruppenmitglieder einzugehen und ihnen Unterstützung zu geben oder auch, ihnen etwas zuzutrauen.

4.4 Teamexterne Maßnahmen im Umfeld der Gruppenarbeit

Arbeitsgruppen existieren nicht völlig isoliert von ihrer Umwelt, sondern sie sind Teil eines Systems, einer Unternehmung, zu dessen Erfolg sie beitragen sollen. Zugleich kann das Umfeld der Gruppenarbeit den Prozess und das Ergebnis der Gruppenarbeit in hohem Maße beeinflussen.

4.4.1 Ausreichende Unterstützung und Schutz vor Störungen von außerhalb

Zunächst ist sicherzustellen, dass die Unternehmung die Gruppe ausreichend unterstützt und ihr die Personen, die sachlichen und finanziellen Mittel zur Verfügung stellt, die die Gruppe für ihre Arbeit braucht. Weiterhin ist es wichtig, dass die Arbeit des Teams von den übergeordneten Instanzen wahrgenommen und anerkannt wird. Für eine effiziente Gruppenarbeit kann es auch sinnvoll sein, den Handlungs- und Entscheidungsspielraum zu erweitern und damit zu verhindern, dass von außerhalb in die Gruppenarbeit „hineinregiert" wird.

4.4.2 Networking und Repräsentation des Teams nach außen

Für den Erfolg der Gruppenarbeit ist es in der Regel erforderlich, gute Beziehungen zu wichtigen Bezugsgruppen aufzubauen und diese zu pflegen.

Dazu gehört es auch, das Team im Unternehmen oder in der Öffentlichkeit zu repräsentieren und über die Arbeit und die Erfolge des Teams zu berichten.

- **Wer?** Teamleiter oder „Außenminister"?
- **Wem?** Unternehmensleitung, Vorgesetzten, anderen Teams…?
- **Wozu?** Ziel, Anlass: ?
- **Was?** Arbeitsergebnisse, Wünsche, Forderungen, Vorstellungen, Probleme ?
- **Wie?** Präsentation, Vortrag…?

Abb. 25 Entscheidungsfragen zur Repräsentation des Teams und seiner Arbeit

4.4.3 Bewertung der Teamleistung durch Externe

In der Regel hat ein Team Leistungen für andere zu erbringen. Es ist deshalb für das Team wichtig zu wissen, nach welchen Kriterien und Regeln und wie gut oder schlecht die eigene Leistung durch andere eingeschätzt wird.

4.4.4 Adäquates Entlohnungssystem

Eine **gleiche Leistungsentlohnung** für alle Gruppenmitglieder nach der Leistung der Gruppe insgesamt ist insbesondere dann angebracht, wenn die Gruppenmitglieder bei der Erfüllung ihrer Aufgaben sehr aufeinander angewiesen sind und wenn sie zusammen den Erfolg oder Misserfolg teilen müssen. Dies ist z.B. typisch für Mannschaftssportarten („*Man gewinnt und verliert zusammen*"). Dieser variable Leistungsanteil für die gesamte Gruppe sollte ausreichend groß sein, um zu besonderen Leistungen zu motivieren. Er sollte im Regelfall neben der Entlohnung für herausragende Leistungen auch Verbesserungen des Arbeitsprozesses honorieren.

Vielfach werden auch bei Gruppenarbeit die Gruppenmitglieder **nach ihren individuellen Leistungen**, häufig gemessen anhand der Leistungseinschätzung durch die Gruppenleitung, entlohnt. Dieses Vorgehen kann zu erheblichen Spannungen in der Gruppe führen. Eine Alternative dazu könnten u.U. qualifikationsorientierte Entlohnungssysteme darstellen (Greenberg/Baron 2003, S. 305 f.).

Beispiel: Um Gruppenmitglieder zu motivieren, möglichst viele Kompetenzen zu erwerben und in die Gruppenarbeit einzubringen, entlohnen einige Unternehmen in den USA die Gruppenmitglieder nicht nach ihren individuellen Leistungen, sondern nach ihren Kompetenzen. Diese qualifikationsorientierten Entlohnungssysteme (skill-based pay) umfassen in einigen Fällen nicht nur Fach-, sondern auch soziale Kompetenzen.

5 Zusammenfassung

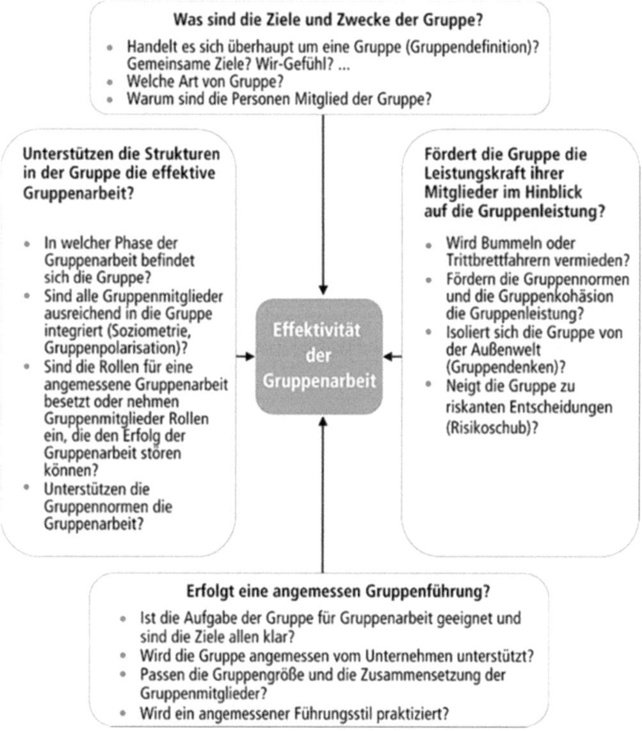

Abb. 26 Zusammenfassung „Führen von Arbeitsgruppen“

6 Fallstudie[1]

Probleme bei TonKunst

In seiner neuen Stellung als Direktor für Unternehmensplanung der TonKunst GmbH, einem mittelständischen Hersteller von Porzellanwaren, verbrachte Joachim Müller einen großen Teil seiner Zeit und Energie mit dem Versuch, mit seinem neuen Team Meetings durchzuführen, ohne dass die Spannung im Raum unerträglich wurde.

Die Firma, die seit jeher in Familienbesitz war, stellte sowohl Teller und Tassen für den gehobenen Bedarf als auch Bierkrüge, Aschenbecher und ähnliche Waren her. In den letzten 18 Monaten stagnierten die Verkaufszahlen. Unternehmen aus Osteuropa waren mit Massenproduktionen und Billigangeboten in die Nische der TonKunst GmbH eingedrungen.

Johann Dreyer, Inhaber und geschäftsführender Gesellschafter, informierte Joachim Müller, dass es mit deren billigen Produktionsmöglichkeiten nur eine Frage der Zeit sein würde, bis er die Firma schließen oder nach Osteuropa verlagern müsse. *„Sie haben nun die Verantwortung als neuer strategischer Direktor"*, sagte er an dessen ersten Tag zu Müller, *„Sie werden ein Team unserer besten Leute zusammenstellen und einen umfassenden Plan für unsere strategische Ausrichtung in den nächsten sechs Monaten erstellen."*

Als Mitglied dieses Teams legte Dreyer ihm den Leiter des Rechnungswesens, Herbert Schmidt, nah: *„Herr Schmidt ist der beste Kopf bei TonKunst."*

Müller stellte sofort eine Liste der Leiter der Abteilungen Produktion, Rechnungswesen, Design und Vertrieb zusammen und legte einen Termin für ein erstes Treffen fest. Da er wusste, dass die Manager der TonKunst GmbH nicht an Teamarbeit gewöhnt waren, rechnete er mit einigen Schwierigkeiten bei der Teamarbeit. Er

---

[1] Es handelt sich um einen fiktiven Fall.

war aber überzeugt, dass mit gutem Willen all diese Schwierigkeiten zu meistern wären.

Um die Arbeit voranzutreiben, hatte Müller für jedes Meeting eine Tagesordnung zusammengestellt. Während die anderen drei Abteilungsleiter bereit waren, auf der Basis dieser Tagesordnung zu arbeiten, fand Schmidt immer einen Weg, um den Prozess zu stören. Schmidts negatives, skeptisches Denken, das er bei jeder Gelegenheit zur Schau stellte, stoppte jede Diskussion entweder sofort oder ließ sie sich im Kreis drehen. Schmidt wurde binnen kurzer Zeit in dieser Rolle gefürchtet. Trotzdem bewiesen seine pessimistischen Aussagen auch noch ein unglaublich großes Maß an Wissen über Wettbewerber oder Kostenstrukturen.

Das dritte Treffen, letzte Woche, endete im Chaos. Heribert Taubmann, der Leiter der Produktion, hatte Vorschläge zur Einsparung von Kosten präsentiert, und zuerst sah es so aus, als käme die Gruppe gut voran. Als Taubmann begann, die Resultate im Detail zu erläutern, unterbrach Schmidt die Diskussion mit einem lauten Gähnen. „*Lasst uns doch einfach alles verändern, einschließlich unserer Pforte*“, warf er ein. Diese Bemerkung brachte Taubmann schnell zum Verstummen. Ein paar Minuten später entschuldigte er sich, sagte, er hätte noch ein anderes Meeting. Bald darauf entschuldigten sich auch die anderen und gingen.

Kein Wunder, dass Müller wegen des vierten Meetings besorgt war. Zehn Minuten vergingen mit Small Talk und Müller sah, als er von Gesicht zu Gesicht blickte, seine eigene Frustration in den Mienen der anderen. Ebenfalls entdeckte er einen Hauch von Mutlosigkeit – genau das, was er gehofft hatte, zu vermeiden. Als er beginnen wollte, betrat Schmidt lächelnd den Raum. „*Entschuldigung, Leute*“ sagte er leichthin und hielt eine Tasse Kaffee in die Höhe, als wäre sie als Erklärung genug für seine Verspätung.

„*Herr Schmidt, schön, dass Sie da sind*“, begann Müller, „*weil ich dachte, wir sollten heute damit anfangen, über die Gruppe selbst zu sprechen...*“ Schmidt schnitt Müller mit einem kurzen, sarkastischen Lachen das Wort ab: „*Oh je, ich wusste, dass das passieren würde. Jetzt fehlt nur noch eine Schulung in Themenzentrierter Interaktion!*“

Bevor Müller noch etwas sagen konnte, stand Heribert Taubmann auf, ging hinüber zu Schmidt und stellte sich ihm gegenüber, sodass er ihm in die Augen sah. „*Das alles kümmert Sie überhaupt nicht, oder?*“

begann er, seine Stimme war so aggressiv, dass jeder im Raum erstarrte.

Jeder, außer Schmidt: „*Hey, ganz ruhig – es kümmert mich sehr viel*“ antwortete er. „*Ich glaube bloß nicht, dass die Veränderung so gemacht werden sollte. Eine brillante Idee kommt niemals von einem Team. Brillante Ideen kommen stets von brillanten Individuen, die dann andere in der Organisation inspirieren, sie umzusetzen.*“ „*Das ist ganz großer Mist*“ schrie Taubmann zurück, „*Sie wollen nur alle Lorbeeren für den Erfolg allein kassieren.*“ „*Das ist absurd*“, lachte Schmidt, „*ich versuche nicht, irgendjemanden hier in der Firma zu beeindrucken. Ich habe das nicht nötig. Ich will, dass diese Firma erfolgreich ist, genau wie Sie, aber ich bin überzeugt davon, das Gruppen sinnlos sind. Übereinstimmung heißt Mittelmäßigkeit. Tut mir leid, aber das heißt es.*“

„*Aber Sie haben nicht einmal versucht, mit uns zu einer Übereinstimmung zu kommen*“, unterbrach Michaela May, Leiterin des Designs, „*es ist so, als würde es Sie überhaupt nicht kümmern, was wir alle zu sagen haben. Wir können nicht allein an einer Lösung arbeiten – wir müssen einander verstehen. Sehen Sie das nicht?*“

Im Raum war es still, als Schmidt nichtssagend mit den Schultern zuckte. Er starrte auf den Tisch, mit leerem Gesichtsausdruck.

Es war Müller, der dann die Stille durchbrach. „*Herr Schmidt, dies ist ein Team. Sie sind ein Teil davon*“ sagte er, während er erfolglos versuchte, Blickkontakt mit dem Angesprochenen herzustellen, „*vielleicht sollten wir noch einmal von vorne anfangen...*“

Aufgaben und Fragen

1. Handelt es sich bei diesem formalen Projektteam auch um eine Gruppe im Sinne der Gruppendefinition?
2. In welcher Phase der Gruppenbildung befindet sich dieses „Problemlösungsteam“?
3. Welche Gruppenrolle nimmt Schmidt ein?
4. Was ist Gruppenkohäsion und warum ist sie in der Gruppe so gering?
5. Analysieren Sie die Situation in dieser Projektgruppe anhand des Teamführungsmodells und zeigen Sie auf, wo Ihrer Meinung nach die Probleme begründet sind.

Beantworten und begründen Sie bitte diese Fragen aus der Sicht eines neutralen Beobachters.

Lösungsvorschläge zur Fallstudie

ad 1) Nein, denn es sind noch keine gemeinsamen Ziele erkennbar.

ad 2) Diese Gruppe befindet sich in der Phase 2, Auseinandersetzung (Storming): Konflikte, offene Konfrontationen, unbehaglich, mühevolles Vorankommen.

ad 3) Schmidt nimmt folgende Gruppenrolle ein: Er distanziert sich von der Gruppenarbeit (**Distanzierer**). Weiterhin blockiert er die Gruppenarbeit (**Blockierer**) und dominiert sie zugleich auch (**Dominanzperson**).

ad 4) Die Gruppenkohäsion gibt an, wie sehr sich die Gruppenmitglieder als zusammengehörig empfinden. Die Gruppenkohäsion ist so gering, weil ein Mitglied der Gruppe, Schmidt, durch Ernennung von außen in die Gruppe aufgenommen worden ist, der gegen Gruppenarbeit ist. Weiterhin hat die Gruppe bisher nur Misserfolge, und sie ist auch noch nicht oft und nicht sehr lange zusammen gewesen.

ad 5) Die Probleme des Teams sind vor allem intern begründet. Die Eignung der Aufgaben für Teamarbeit ist gegeben. Die Zieldefinition ist möglicherweise noch nicht präzise genug. Auch die Gruppengröße ist für die Aufgabe gut geeignet. Das wesentliche Problem ist, dass das Commitment für die Gruppenarbeit nicht gegeben ist, weil ein Gruppenmitglied die Gruppenarbeit ablehnt. Hier wurde ein Fehler bereits bei der Auswahl der Gruppenmitglieder gemacht, da diese bestimmt wurden, ohne dass man deren Eignung und Bereitschaft für Gruppenarbeit geprüft hat. Es gibt auch in der Gruppe keine anerkannten Spielregeln zur Zusammenarbeit und es wurde auch kein oder kein ausreichendes Teamentwicklungstraining durchgeführt. Auch die Fähigkeit, Konflikte zu managen, scheint in der Gruppe nicht weit entwickelt zu sein. Obwohl er bereits Erfahrung mit Gruppenarbeit hat, gelingt es dem Gruppenleiter nicht, eine effektive Organisation, Steuerung und Kontrolle der Gruppenarbeit durchzuführen. So entgleitet ihm zunehmend die Führung der Gruppe.

Inwieweit durch das Umfeld die Gruppenarbeit genügend unterstützt wird, kann nicht festgestellt werden, da dazu Informationen fehlen. Die Vorgabe des Unternehmensleiters, dass Schmidt unbedingt in die Gruppe gehört, hat für den Gruppenleiter eine schwierige Situation geschaffen. Er hätte als verantwortlicher Experte sich nicht die Verantwortung für die Auswahl der Gruppenmitglieder nehmen lassen dürfen und den Vorschlag des Unternehmensleiters als einen Vorschlag behandeln und selbst prüfen sollen, ob Schmidt und auch die anderen für die Gruppenarbeit geeignet sind und auch bereit sind, sich dafür zu engagieren.

Glossar

Absentismus

Absentismus ist die Abwesenheit von der Arbeit aus persönlichen oder motivationalen Gründen, die umgangssprachlich als „blau machen“ bezeichnet werden.

Abweichendes Verhalten

Als abweichendes Verhalten bezeichnet man Verhaltensweisen, bei denen absichtlich gegen Normen und Regeln der Gemeinschaft oder des Unternehmens verstoßen wird und die negative Auswirkungen für die Gemeinschaft oder das Unternehmen haben.

Anweisung oder Einzelauftrag

Anweisungen oder auch Einzelaufträge sind Führungsinstrumente, bei denen dem Mitarbeiter häufig sehr detailliert gesagt wird, was er wie zu tun und gelegentlich auch zu unterlassen hat.

Arbeitszufriedenheit

Arbeitszufriedenheit ist die Einstellung zur Arbeit. Sie gibt an, welche Gefühle, Einschätzungen, Überzeugungen und Verhaltensabsichten Mitarbeiter bezüglich ihrer Arbeit haben.

Attributionstheorie der Führung

Diese Führungstheorie beschreibt, von welchen Bedingungen es abhängt, ob eine Führungskraft gute bzw. schlechte Leistungen von Mitarbeiter auf mangelnde Motivation oder Fähigkeiten der Mitarbeiter oder aber auf die Umstände der Arbeit, wie mangelhafte Werkzeugen ungenügende Informationen, mangelnde Unterstützung durch andere, zurückführt.

Authentische Führung

Authentische Führung ist ein Ansatz zur Beschreibung eines ethisch orientiertem Führungsverhalten.

Autonomer Führungsstil

Dieser Führungsstil drückt aus, inwieweit Führungskräfte in ihrem Führungsverhalten als autonom, unabhängig und individualistisch wahrgenommen werden.

Bewertende Rückmeldungen

Bewertende Rückmeldungen sind Mitteilungen des Unternehmens – in der Regel durch den unmittelbaren Vorgesetzten – an den Mitarbeiter über die in den Soll-Ist-Vergleichen (Kontrollen) festgestellten Befunde.

Bossing

Wenn Mobbing vom Vorgesetzten, vom Boss, initiiert oder wohlwollend geduldet wird, dann wird dies als „Bossing" bezeichnet.

Brainstorming

Brainstorming ist eine Technik zur Förderung der Kreativität, bei der jeder seine Ideen frei äußern soll, bei der keine verbale und auch keine nonverbale Kritik (z.B. Stirn runzeln) erlaubt ist und bei der die Vorschläge der anderen als Anregung für eigene Vorschläge genutzt werden sollen.

Coaching

In Anlehnung an die Funktion eines persönlichen Coaches im Leistungsport handelt sich dabei in der Wirtschaft um eine sehr intensive, persönliche und auf die spezifischen Bedürfnisse des Mitarbeiters und des Unternehmens abgestimmte Beratung mit dem Ziel, das Leistungsvermögen des Mitarbeiters zu entwickeln und zu verbessern.

Commitment mit dem Unternehmen

sich dem Unternehmen zugehörig und mit dem Unternehmen verbunden zu fühlen

Counselling

Unter „Counselling" versteht man die Führungsaufgabe von Vorgesetzten, ihre Mitarbeiter sowohl persönlich als auch fachlich zu beraten.

Delegation

Bei der Delegation wird dem Mitarbeiter langfristig ein Aufgabenbereich oder für eine bestimmte Zeit ein Projekt und die dazu erforderlichen Kompetenzen (Rechte) übertragen. Damit erhält er zugleich auch die Verantwortung für dieses Aufgabengebiet oder Projekt. Der große Unterschied zur Einzelanweisung liegt in der grundsätzlichen Übertragung der Aufgaben und in der Übertragung der dazu erforderlichen Kompetenzen. Damit verbunden ist eine größere Verantwortlichkeit und Selbstständigkeit bei der Aufgabenerledigung. Werden dem Mitarbeiter nicht alle erforderlichen Kompetenzen übertragen, dann wird dies als Scheindelegation bezeichnet. Wenn der Mitarbeiter immer wieder beim Vorgesetzten rückfragt und um dessen Entscheidung bittet, obwohl er ausreichende Kompetenzen hat, dann handelt es sich um eine Rückdelegation.

Eigenschaftstheorie der Führung

Nach der Eigenschaftstheorie der Führung ist der Führungserfolg abhängig von Persönlichkeitseigenschaften der Führungskraft. Führungskräfte haben bestimmte Eigenschaften, die sie von anderen unterscheiden und die ihren Führungserfolg sicherstellen. Es handelt sich dabei um stabile Persönlichkeitseigenschaften, die den Führungserfolg auch zu anderen Zeiten und auch bei anderen Gruppen und Situationen ermöglichen.

Emotionale Intelligenz

Damit bezeichnet man die Fähigkeit, „intelligent“ mit den eigenen Emotionen und denen anderer Personen umgehen zu können.

Emotionen

Emotionen oder Gefühle sind Empfindungen, die sich auf der qualitativen Dimension „angenehm oder unangenehm“ sowie auf der quantitativen Dimension Stärke oder Intensität der Gefühle und auf der Aktivitätsdimension (handlungsauslösend oder nicht) beschreiben lassen.

Empathie

Empathie (Einfühlungsvermögen) bedeutet zu wissen und zu fühlen, was andere fühlen und mitfühlen zu können.

Ethik

Die Ethik als eine Teildisziplin der Philosophie befasst sich mit den Normen oder Grundsätzen für das richtige, das moralische einwandfreie Verhalten.

Fehlzeiten

Fehlzeiten sind die Zeiten, in denen der Mitarbeiter wegen Krankheit, Unfall, Kur, Mutterschaft und aus persönlichen Gründen, deren Ursachen im privaten Bereich oder in der Unzufriedenheit mit der Arbeit zu finden sind, nicht seiner Arbeitspflicht nachkommt bzw. nachkommen kann.

Formale Gruppen

Formale Gruppen werden von übergeordneten Stellen bewusst geplant und eingerichtet, um bestimmte Ziele zu erreichen.

Führungsgrundsätze, Führungsrichtlinien oder **Leitlinien zur Führung und Zusammenarbeit**

Damit werden die vom Unternehmen schriftlich festgelegten grundsätzlichen Regelungen der Zusammenarbeit zwischen Vorgesetzten und ihren Mitarbeitern bezeichnet.

Führungskraft

Als „Führungskraft" oder „Führungsperson" werden hier Personen bezeichnet, die aufgrund der Entscheidung des Unternehmens das Recht haben, den Mitarbeitern in ihrem Verantwortungsbereich Weisungen zu geben (legitime oder formale Führer).

Führungsmodelle

In Führungsmodellen werden die verschiedenen Instrumente der Führung beschrieben, ganzheitlich aufeinander aufgebaut und miteinander verbunden, z.B. der Zusammenhang von Delegation und Kontrolle. Durch die Führungsmodelle in Unternehmen wird vorgegeben (normiert), wie die Führungskraft diese Instrumente anzuwenden hat.

Führungsstile

beschreiben die vorherrschende Art und Weise des Führungsverhaltens einer Führungskraft. Führungskräfte mit aufgaben- oder leistungsorientiertem Führungsstil sind z.B. primär daran interessiert, dass die Arbeit erfolgreich und effizient erledigt wird, während Führungskräfte mit mitarbeiterorientiertem Führungsstil auf die persönlichen Belange ihrer Mitarbeiter Rücksicht nehmen.

Gesichtswahrender Führungsstil (Self Protective Leadership)

Führungskräfte mit diesem Führungsstil sind in Bezug auf sich selbst und auf ihre Gruppenmitglieder sicherheitsorientiert. Sie achten darauf, dass ihr Gesicht, ihr Ansehen gewahrt wird.

Gleichheits- oder Gerechtigkeitstheorien (Equity-Theorien)

Diese Theorien beschreiben die Wahrnehmung von Gerechtigkeit in sozialen Tauschsituationen und die Auswirkungen wahrgenommener Gerechtigkeit bzw. Ungerechtigkeit auf das Verhalten, insbesondere die Motivation.

Goodwillbeiträge

sind Leistungsbeiträge der Mitarbeiter, die über die unmittelbaren Pflichtbeiträge der Mitarbeiter hinaus in einem weiteren Begriffsverständnis von Leistung zu beachten sind. Sie werden auch als Extra-Rollenverhalten, als Organizational Citizenship Behaviour (OCB) oder als Contextual Performance bezeichnet. Goodwillbeiträge sind Leistungsbeiträge, die der Mitarbeiter freiwillig erbringen oder aber auch ohne Gefahr der Bestrafung zurückhalten kann, weil sie kein Bestandteil der arbeitsvertraglich geschuldeten Leistungspflicht sind oder weil ihre Zurückhaltung ihm nicht als Pflichtverletzung nachgewiesen oder vorgeworfen werden kann.

Gruppen

Gruppen sind zwei oder mehr Personen, die längerfristig untereinander in einer stabilen Beziehungsstruktur stehen, die gemeinsame Ziele und Interessen haben und sich auch als eine Gemeinschaft, als eine Gruppe fühlen („Wir-Gefühl").

Gruppendenken

Gruppendenken ist die Tendenz von Mitgliedern von Gruppen, sich so sehr dem Gruppendruck zu unterwerfen, dass sie nicht mehr kritisch denken und die möglicherweise korrigierenden Informationen insbesondere von Außenstehenden ignorieren.

Gruppendynamik

Gruppendynamik ist die Entwicklung und Veränderung von Rollen in der Gruppe und den Beziehungen zwischen den Gruppenmitgliedern.

Gruppenkohäsion

Die Gruppenkohäsion gibt an, wie sehr sich die Gruppenmitglieder als zusammengehörig empfinden.

Gruppennormen

Gruppennormen sind Regeln über das richtige Verhalten und Denken, die von den Mitgliedern einer Gruppe allgemein als gültige Standards angesehen werden.

Gruppenpolarisation

Gruppenpolarisation ist die Aufspaltung der Gruppe in zwei Teilgruppen, die gegensätzliche Auffassungen vertreten und sich kritisch oder sogar feindlich gegenüberstehen.

Identifikation mit dem Unternehmen

Als Identifikation mit dem Unternehmen bezeichnet man die Bereitschaft, sich als Teil des Unternehmens zu fühlen, und dessen Ziele als eigene Ziele zu übernehmen.

Impression Management (Selbstdarstellung)

Impression Management ist der Versuch einer Person, einen besonders positiven Eindruck bei anderen Personen zu erzeugen

Informale Gruppen

Informale Gruppen bilden sich auf natürliche Art und Weise und nicht gesteuert durch die Unternehmensführung, weil bestimmte Personen gleiche Interessen haben, z.B. Interesse am gleichen Sport.

Inhaltsethik

Gegenstand der Inhaltsethik sind die ethischen Grundsätze oder Normen, nach denen wir unser Verhalten ausrichten sollen.

Innere Kündigung

Bei der inneren Kündigung verbleibt der Mitarbeiter im Unternehmen, er verringert jedoch sein Engagement, seine Leistungsbereitschaft soweit als möglich.

Interrollenkonflikt

Ein Interrollenkonflikt kann sich ergeben, wenn eine Person verschiedene Rollen wahrzunehmen hat und sich aus den Erwartungen an die verschiedenen Rollen einer Person Widersprüche ergeben.

Intersenderrollenkonflikt

Von verschiedenen Rollensendern ausgehende Erwartungen widersprechen sich.

Intrarollenkonflikt

Als Intrarollenkonflikt bezeichnet man Konflikte, die sich aus einer Rolle ergeben, wenn an diese eine Rolle widersprüchliche Erwartungen gestellt werden.

Intrasenderkonflikt

Der gleiche Rollensender sendet widersprüchliche Erwartungen an den Positionsinhaber.

Intrinsische und **extrinsische Motivation**

Die Form der Motivbefriedigung, die aus der Tätigkeit heraus kommt, nennt man intrinsische Motivation. Demgegenüber wird die Motivation, die durch Andere erfolgt, wie Entlohnung, Aufstieg, sicherer Arbeitsplatz, als extrinsische Motivation bezeichnet.

Job Involvement

Der Begriff Job Involvement erfasst, inwieweit sich eine Person mit ihrer Arbeit identifiziert und welche Bedeutung ihre Arbeit und ihre Leistungen bei der Arbeit für das Selbstwertgefühl der Person haben.

Kommunikation

Kommunikation ist der Prozess des Austauschens und des Verstehens von Meinungen, Bedeutungen, Ideen und Vorstellungen sowie Gefühlen zwischen mindestens zwei Personen.

komplementäre Transaktion

Beide Seiten akzeptieren die Bewusstseinszustände, in denen sie der Andere anspricht.

Konflikt

Konflikt ist ein Prozess, bei dem zumindest eine Partei die subjektive Wahrnehmung hat, dass eine andere Partei ihre Interessen oder etwas anderes, was ihr wertvoll oder wichtig ist, wesentlich beeinträchtigt oder beieinträchtigen könnte.

Kontrolle oder **Kontrollieren**

Die Führungsfunktion „Kontrollieren" dient dazu, die Ist-Leistung des Mitarbeiters mit der vorgegebenen oder vereinbarten Soll-Leistung zu vergleichen, um feststellen zu können, inwieweit die betrieblichen Ziele erreicht werden und um gegebenenfalls Maßnahmen zur Zielerreichung rechtzeitig einleiten zu können.

Laterale Führung

Einflussnahme von Mitarbeitern auf andere Mitarbeiter, ohne dafür die Weisungsbefugniss zu haben, wird als laterale Führung bezeichnet.

Leader-Member-Exchange-Theorie (LMX-Theorie)

Nach dieser Theorie werden nicht alle Gruppenmitglieder in gleicher Weise vom Gruppenführer geführt. Zu einige Gruppenmitglieder entwickelt der Vorgesetzte eine positive Beziehung, die geprägt ist von gegenseitigem Respekt, Wertschätzung und Vertrauen. Diese Gruppenmitglieder bilden die In-Gruppe oder auch Kerngruppe im Gegensatz zur Out-Gruppe.

Leistungs- oder Personalbeurteilung

Die Leistungs- oder Personalbeurteilung ist ein formalisiertes Verfahren der Beurteilung der in der Vergangenheit gezeigten Leistungen und Verhaltensweisen der Mitarbeiter in der Regel durch den unmittelbaren Vorgesetzten.

Machiavellismus

Mit Machiavellismus bezeichnet man eine Persönlichkeitseigenschaft, die sich direkt auf politisches Verhalten bezieht. Personen, die diese Eigenschaft in hohem Maße aufweisen, sind sehr davon überzeugt, dass es richtig ist, andere zum Zwecke der eigenen Zielerreichung auszunutzen.

Macht

Macht ist die Fähigkeit oder das Potenzial einer Person A, das Verhalten einer Person B auch gegen deren Willen so zu beeinflussen, dass es dem Willen von A entspricht.

Management-by-Konzepte

Bei den Management-by-Konzepten handelt es sich um Empfehlungen zur Führung von Mitarbeitern, wie das Management by

Objectives (MbO) oder das Management by Delegation (MbD). Im Zentrum des Führungsverhaltens soll die jeweils im Namen enthaltene Führungstechnik stehen, d.h., die Führungskraft soll beim Management durch Delegation vor allem auf eine möglichst weitgehende Delegation der Aufgaben und Kompetenzen achten.

Managementfunktionen

Zielsetzung, Planung, Organisation und Realisation sowie Kontrolle sind die klassischen Funktionen des Managements.

Metakommunikation

Als Metakommunikation bezeichnet man die Kommunikation über die Kommunikation.

Mikropolitik

Als Mikropolitik oder politisches Handeln in Unternehmen werden all die Handlungen in Unternehmen verstanden, die darauf abzielen, Machtpotenziale aufzubauen und einzusetzen, um eigene Interessen gegenüber den Interessen anderer durchzusetzen, um den eigenen Handlungsspielraum zu erweitern und sich fremder Kontrolle und Abhängigkeit zu entziehen.

Mitarbeiterbesprechungen

Während Mitarbeitergespräche in der Regel zwischen einem Vorgesetzten und einem Mitarbeiter stattfinden, sind Mitarbeiterbesprechungen Besprechungen des Vorgesetzten mit mehreren Mitarbeitern in formalisierter Form mit z.B. Einladung, Tagesordnung, Protokoll.

Mitarbeitergespräch

Das Mitarbeitergespräch ist ein sehr wichtiges Instrument einer wirkungsvollen Mitarbeiterführung. Es handelt sich dabei um besondere Formen der Kommunikation zwischen Führungskraft und Mitarbeiter, die über die alltägliche Kommunikation hinausgehen.

Mitteilungsgerechtigkeit oder „**Interactional Justice**“

Die Mitteilungsgerechtigkeit bezieht sich auf die Art und Weise, wie dem Mitarbeiter Belohnungen oder auch Nicht-Belohnungen mitgeteilt werden.

Mobbing

Mobbing findet statt, wenn eine Gruppe von Mitarbeitern einen Kollegen, das Opfer, ignoriert, bloßstellt oder verspottet, den Kollegen systematisch ausgrenzt und nicht in die Arbeitsgruppe einbezieht oder versucht, seine Persönlichkeit und seine Privatsphäre zu verletzen.

Moderation

Bei der Moderation soll der Gruppenleiter sich aus der inhaltlichen Diskussion heraushalten. Er leitet die Diskussion im Wesentlichen durch Fragen und Zusammenfassen oder Gegenüberstellen der Aussagen der Gruppenmitglieder.

Moderator, Vermittler oder **Mediator**

Der Moderator, Vermittler oder Mediator versucht den Betroffenen zu helfen, dass sie selbst eine Konfliktlösung finden.

Motive, Bedürfnisse und **Motivation**

Motive und Bedürfnisse stellen generelle Beweggründe für das Verhalten dar. Wenn diese Motive aktiviert sind, wenn eine Absicht, ein Drang entstanden ist, sich in einer bestimmten Art und Weise zu verhalten, um diese Motive zu befriedigen, dann spricht man von Motivation.

New Leadership

Unter dem Begriff „New Leadership" werden Theorien der Führung zusammengefasst, bei denen in stärkerem Maße als bei den „klassischen" Führungstheorien emotionale Aspekte beachtet werden. Neu an diesen Führungstheorien ist nicht, dass sie auf völlig neuen Ideen beruhen, sondern dass sie in den letzten Jahren aufgrund der vielfältigen Veränderungsprozesse besondere Beachtung gefunden haben.

Nichtkomplementäre (gekreuzte) Transaktionen

Sie entstehen, wenn der Gesprächspartner aus einem anderen als dem angesprochenen Ich-Zustand reagiert. Dies bedeutet, dass der reagierende Gesprächspartner nicht akzeptiert, aus welchem Ich-Zustand der Andere ihn in einem bestimmten Ich-Zustand anspricht.

Nonverbale Kommunikation

Die nonverbale Kommunikation bezieht sich auf das Übertragen von Nachrichten ohne den Gebrauch von Worten. Sie umfasst nicht nur symbolisches nichtverbales Verhalten, sondern auch die Gegenstände, Ereignisse und die räumlichen sowie zeitlichen Variablen, die von kommunikativer Bedeutung sind.

Normenkonformität

Normenkonformität ist das Ausmaß, in dem sich Personen an die Normen der Gesellschaft oder Gruppe oder anderer Institutionen halten.

Personal- oder **Mitarbeiterführung**

Personal- oder Mitarbeiterführung ist der Interaktionsprozess in einem Unternehmen, bei dem eine Führungskraft das Handeln, Denken und Fühlen der Mitarbeiter in ihrem Verantwortungsbereich (Arbeitsgruppe, Abteilung usw.) im Hinblick auf die gemeinsame Erreichung von Unternehmenszielen bzw. die für den Verantwortungsbereich damit zusammenhängenden Ziele zu beeinflussen und zu steuern versucht.

Persönlichkeits- oder **Bewusstseinszustände** oder auch **Ich-Zustände**

In der Transaktionsanalyse unterscheidet man folgende Persönlichkeits- oder Bewusstseinszustände oder auch Ich-Zustände, die unser Denken, Fühlen oder Handeln beeinflussen: Eltern-Ich, Erwachsenen-Ich und Kindheits-Ich.

Person-Rollen-Konflikt

Der Person-Rollen-Konflikt tritt auf, wenn die Erwartungen an eine Rolle nicht vereinbar sind mit den persönlichen Wünschen, Werten oder Fähigkeiten des Inhabers der Position.

Pflichtbeiträge

Pflichtbeiträge sind diejenigen Leistungsbeiträge, die der Mitarbeiter aufgrund des Arbeitsvertrages schuldet und deren Erfüllung bzw. Nichterfüllung kontrolliert bzw. mit einem vernünftigen Aufwand kontrolliert werden kann. Diese Pflichtbeiträge werden auch als Taskperformance oder Rollenverhalten bezeichnet.

Potenzialanalyse oder **Potenzialeinschätzung**

Zielsetzung der Potenzialanalyse ist es, Aussagen oder genauer Prognosen über zukünftige Leistungen und Einsatzmöglichkeiten von Mitarbeitern bei anderen Aufgaben, die in der Regel weitergehende Kompetenzen fordern, zu machen.

Prozesstheorien der Motivation

Prozesstheorien dienen dazu zu beschreiben oder zu erklären, wie Motive angeregt werden und Verhaltensabsichten entstehen oder anders ausgedrückt, wie der Prozess der Motivation abläuft.

Prozessuale Ethik

Die prozessuale Ethik befasst sich mit der Frage, wie die Normen oder Grundsätze ethisch richtigen Verhaltens zu finden bzw. zu begründen sind.

Psychologischer Vertrag

Neben den Pflichten und Rechten des „juristischen" Arbeitsvertrages wird beim Abschluss eines Arbeitsvertrages auch – manchmal bewusst, häufig aber unbewusst – ein psychologischer Vertrag geschlossen, der die nicht normierten wechselseitigen Erwartungen und Hoffnungen beinhaltet.

Risikoschub

Als Risikoschub wird das Phänomen bezeichnet, dass es bei Gruppenentscheidungen unter Risiko häufig zu riskanteren Entscheidungen kommt als wenn Einzelpersonen entscheiden.

Rollentheorie der Führung

Erwartungen, die an den Inhaber einer Position von anderen gerichtet werden, sind Gegenstand der Rollentheorie. Sie beschäftigt sich mit der Beschreibung und Analyse der Auswirkungen einer sozialen Situation auf das Verhalten des Inhabers einer Position. Ihre Anwendung auf Führungspositionen ist die Rollentheorie der Führung.

Rollenüberladung

Eine Rollenüberladung ist gegeben, wenn die Erwartungen zwar untereinander und auch mit dem Wertesystem des Rolleninhabers vereinbar (kompatibel) sind, diese Erwartungen aber quantitativ von einer Person gar nicht erfüllbar sind.

Schiedsrichter oder **Schiedsgericht**

Ein Schiedsrichter oder auch ein Schiedsgericht hat die Macht, über den Konflikt zu entscheiden.

Schlichter

Der Schlichter wirkt als ausgleichende, beruhigende Kraft auf informaler Basis zwischen den Parteien und versucht die Eskalation des Konflikts zu vermeiden, indem er mittels seiner guten persönlichen Beziehungen (oder seiner Neutralität) zwischen den Parteien einen Ausgleich anstrebt.

Selbstmanagement

Selbstmanagement ist das bewusste, selbstbestimmte Gestalten des eigenen Lebens.

Selbststeuerung oder **Self Monitoring**

Als „Selbststeuerung oder Self Monitoring" wird die Eigenschaft von Personen bezeichnet, sich in verschiedenen Situationen gleich oder aber unterschiedlich zu verhalten und anzupassen. So gibt es Personen, die sich in hohem Maße in verschiedenen Situationen gleich verhalten, während es andere Personen gibt, die ihr Verhalten in beträchtlichem Ausmaß nach der Situation ausrichten und deshalb nicht diese Konsistenz des Verhaltens aufweisen.

Selbstvertrauen (**hoher Locus of Internal Control**) und **Selbstwirksamkeit**

Im **Selbstvertrauen** drückt sich das Gefühl von Personen aus, dass ihre Fähigkeiten und Fertigkeiten sie in die Lage versetzen, alle oder fast alle Probleme bewältigen zu können. Hohe **Selbstwirksamkeit** (Self-Efficacy) als eine ähnliche Eigenschaft wie Selbstvertrauen drückt sich darin aus, dass Personen davon überzeugt sind, dass sie grundsätzlich in der Lage sind, vielfältige und unterschiedliche Aufgaben zu bewältigen und nicht nur bestimmte Aufgaben, die sie gelernt haben.

Situationstheorien der Führung

Situationstheorien der Führung gehen davon aus, dass die Effizienz der Führung nicht nur von der Persönlichkeit und dem Verhalten der Führungskraft, sondern auch von der Führungssituation abhängt. Grundannahme ist, dass es keinen für alle Führungssituationen identischen Führungsstil mit hohem Führungserfolg gibt, sondern dass für jede Führungssituation ein spezifischer Führungsstil erforderlich ist.

Soziale Kompetenz

Die Fähigkeit, effektiv mit anderen Personen umgehen oder interagieren zu können.

Sozialer Status

Sozialer Status ist die relative soziale Position oder der Rang, der einer Gruppe oder Gruppenmitgliedern durch andere zugemessen wird. Der **formale Status** entsteht durch die hierarchischen Unterschiede, während sich der **informale Status** auf Grund von Kriterien ergibt, die nicht durch die Organisation vorgegeben werden. Dies kann z. B. durch besondere Erfahrungen, Fähigkeiten oder Expertenwissen von einzelnen Gruppenmitgliedern der Fall sein.

Soziogramm

Das Soziogramm ist die grafische Veranschaulichung von Beziehungen in einer Gruppe.

Soziometrie

Die Soziometrie ist ein Messverfahren zur Ermittlung von Beziehungen, z.B. Beliebtheitsbeziehungen, in Gruppen.

TALK-Modell der Kommunikation

Das Wort TALK dient als Gedächtnisstütze für die vier Seiten einer Nachricht, der Tatsachenaussage oder auch Sachinformation, dem Ausdrucks- oder Selbstoffenbarungsaspekt, dem Lenkungs- oder Appellaspekt und dem Kontakt- oder Beziehungsaspekt.

Team

Der Begriff wird häufig als Synonym für Gruppe verwendet. Manchmal werden damit auch Gruppen mit einem besonders ausgeprägten Wir-Gefühl bezeichnet.

Themenzentrierte Interaktion

Bei der Themenzentrierten Interaktion wird versucht, durch die Beachtung von bestimmten Regeln Bedürfnisse des Einzelnen und der Gruppe sowie das Ziel oder Thema der Gruppe angemessen zu berücksichtigen und auszubalancieren.

Theorie der kognitiven Dissonanz

Die Theorie der kognitiven Dissonanz beschreibt, wie Menschen mit widersprüchlichen Wahrnehmungen umgehen.

Transaktion

Wenn zwei Menschen sich durch Worte oder Körpersignale ansprechen, dann handelt es sich nach der Transaktionsanalyse um eine Transaktion.

Transaktionsanalyse

Die Transaktionsanalyse nach Berne ist eine auf der Basis der Psychoanalyse von Freud entwickelte Verbindung von Kommunikations- und Persönlichkeitstheorie, mit deren Hilfe die Ursache von Problemen in der Kommunikation und im Zusammenleben mit Anderen untersucht, Ursachen für diese Probleme entdeckt und Lösungsansätze entwickelt werden sollen.

Unerwünschte Verhaltensweisen

Unerwünschte Verhaltensweisen sind Verhaltensweisen, die zulässig sind, die aber negative Konsequenzen für den Erfolg des Unternehmens haben, wie z.B. wenn gute Mitarbeiter kündigen.

Unternehmenskultur

Als Unternehmenskultur bezeichnet man spezifische Denkmuster, Wertvorstellungen, Einstellungen und Verhaltensweisen, die den Mitarbeitern eines Unternehmens gemeinsam sind, die von ihnen geteilt werden.

Unternehmerisches Mitarbeiterverhalten

Unternehmerisches Mitarbeiterverhalten drückt sich darin aus, dass die Mitarbeiter selbstständig Erfolgschancen in ihrem Arbeitsbereich wahrnehmen, auf eigene Verantwortung tätig werden und Initiative ergreifen, um Chancen für das Unternehmen zu nutzen.

Verbale Kommunikation

Bei der verbalen Kommunikation handelt es sich um den Austausch von Mitteilungen oder Bedeutungen mittels Worten in geschriebener oder gesprochener Form.

Verdeckte oder **Duplex-Transaktionen**

Bei verdeckten oder Duplex-Transaktionen unterscheidet sich das, was gesagt wird von dem, was tatsächlich gemeint ist.

Verfahrensgerechtigkeit

Bei der Verfahrensgerechtigkeit geht es darum, ob das Verfahren, das zur Verteilung von Belohnungen führt, als gerecht empfunden wird.

Verhaltenstheorie der Führung oder **Führungsstilforschung**

Die Verhaltenstheorien der Führung basieren auf der Annahme, dass der Führungserfolg vom Führungsstil, vom Führungsverhalten der Führung abhängt. Situative Bedingungen wie Arbeitssituation oder Merkmale der Mitarbeiter werden nicht berücksichtigt.

Verteilungsgerechtigkeit

Die Verteilungsgerechtigkeit bezieht sich auf das Ergebnis einer Verteilung.

Zeitmanagement

Während das Selbstmanagement eher strategischen Charakter hat, handelt es sich beim Zeitmanagement um taktische, operative Maßnahmen. Ausgehend vom Selbstmanagement gilt es, die einzelnen Zeitblöcke sinnvoll zu nutzen.

Zielvorgabe und Zielvereinbarung

Bei der Zielvorgabe legt der Vorgesetzte die Ziele für den Mitarbeiter fest, ohne den Mitarbeiter bei der Bestimmung der Ziele zu beteiligen. Bei einer Zielvereinbarung besprechen Vorgesetzter und Mitarbeiter die Ziele und versuchen gemeinsam, die Ziele zu bestimmen.

Literaturverzeichnis

Albert, H. (1975): Traktat über kritische Vernunft. 3. erweiterte Aufl. Tübingen

Armstrong, M. (1993): How to be an even better manager. 3. Aufl. London

Baron, R. A./Greenberg, J. (1990): Behavior in Organizations: Understanding and Managing the Human Side of Work. 3. Aufl. Boston usw.

Bartscher-Finzer, S./Martin, A. (2003): Psychologischer Vertrag und Sozialisation. In: Martin, A. (Hrsg.): Organizational Behaviour – Verhalten in Organisationen. Stuttgart, S. 53 –76

Bass, B. M./Bass, R. (2008): The Bass Handbook of Leadership. Theory, Research, and Managerial Applications. 4. Aufl. New York usw.

Berkel, K. (1995): Konflikttraining. 4. Aufl. Heidelberg

Berne, E. (1984): Spiele der Erwachsenen. Psychologie der menschlichen Beziehungen. Reinbek bei Hamburg

Birkenbihl, V. F. (2005): Birkenbihl on Management. Irren ist menschlich – managen auch. Berlin

Bourne, L. E./Ekstrand, B. R. (2001): Einführung in die Psychologie (Titel der Originalausgabe: Ist Principles and Meanings). 3. Aufl. Eschborn bei Frankfurt am Main

Bruggemann, A./Groskurth, P./Ulich, E. (1975): Arbeitszufriedenheit. Bern

Buckingham, M./Coffmann, C. (2005): Erfolgreiche Führung gegen alle Regeln. Wie Sie wertvolle Mitarbeiter gewinnen, halten und fördern. (Titel der amerikanischen Originalausgabe: First Break all the Rules) 3. Aufl. Frankfurt

Chhokar,J.S./Brodtbeck, F.C./House, R.J. (Eds.) (2008): Culture and Leadership Across the World: The GLOBE Book of In-Depth Studies of 25 Societies. Mahwah, New Jersey und London

Covey, S. R./Merrill, A. R./Merril, R. R. (2000): Der Weg zum Wesentlichen: Zeitmanagement der vierten Generation (Titel der Originalausgabe: First Things First) Frankfurt/New York

Ekman, P./Friesen, W. V. (1975): Unmasking the Face. Prentice Hall – Englewood Cliffs/New Jersey

Elsik, W. (2003): Gruppendynamik. In: Martin, A. (Hrsg.): Organizational Behaviour – Verhalten in Organisationen. Stuttgart, S. 173–195

Fairhurst,G.T./Sarr, R.A. (1996): Durch Sprache führen: Du kannst Deinen Chef nicht ändern. Du kannst Deine Kollegen nicht ändern, aber Du kannst so sprechen, daß sie Dir folgen. (Titel der englischsprachigen Originalausgabe: The Art of Framing) Düsseldorf/München

Fehlau, G. E. (2002): Konflikte im Beruf: Erkennen, lösen, vorbeugen. 2. Aufl. Planegg bei München

Festinger, L. (1957): A Theory of Cognitive Dissonance. Stanford University Press

Franken, S. (2004): Verhaltensorientierte Führung. Individuen – Gruppen – Organisationen. Wiesbaden

Glasl, F. (1997): Konfliktmanagement. Ein Handbuch für Führungskräfte, Beraterinnen und Berater. 7. Aufl. Bern und Stuttgart

Goldfuss, J. W. (2000): Endlich Chef. Was nun? Was Sie in der neuen Position wissen müssen. Frankfurt – New York

Goleman, D. (1995): Emotional Intelligence. New York usw.

Goleman, D. (1999): Working with Emotional Intelligence. Bantam Export Edition. New York usw.

Goleman, D./Boyatzis, R./McKee, A. (2003): Emotionale Führung (Titel der amerikanischen Originalausgabe: Primal Leadership. Realizing the Power of Emotional Intelligence) ohne Ortsangabe

Greenberg, J./Baron, R. A. (2003): Behavior in Organizations. 8. Aufl. Upper Saddle River, New Jersey

Greenberg, J./Lind, A. (2000): The Persuit of Organizational Justice: From Conceptualization to Implication to Application. In: Cooper, C.L./Locke, E.A. (Eds.) (2000): Industrial and Organizational Psychology: Linking Theory with Practice. Malden, Mass. S. 72 –108

Hall, E. T. (1981): Beyond Culture. New York 2. Aufl.

Harris, T. A./Harris, A. B. (1998): Ich bin o.k. Du bist o.k. Einmal o.k. immer o.k. (Titel der Originalausgaben: "I'M OK – YOU'R OK: A PRACTICAL GUIDE TO TRANSACTIONAL ANALYSIS" sowie "STAYING OK") Sonderausgabe Reinbek bei Hamburg

Haug, C. V. (2003): Erfolgreich im Team. 3. Aufl. München

Heckhausen, H. (1980): Motivation und Handeln: Lehrbuch der Motivationspsychologie. Berlin

Hellriegel, D./Slocum, Jr., J. W./Woodman, R. W. (1989): Organizational Behavior. 5. Aufl. St. Paul und andere

Herzberg, F. (1974): Work and the Nature of Man. London/Granada

Hofstätter, P. R. (1968): Gruppendynamik. Kritik der Massenpsychologie. Reinbek bei Hamburg

Homans, G. C. (1960): Theorie der sozialen Gruppe. Köln/Opladen

House, R.J./Hanges, P.J./Javidan, M./Dorfman, P.W./Gupta, V. (Eds.) (2004): Culture, Leadership, and Organizations: The GLOBE Study of 62 Societies. Thousand Oaks, London/New Delhi

Hughes, R. L./Ginnett, R. C./Curphy, G. J. (1996): Leadership. Enhancing the Lessons of Experience. 2. Aufl. Chicago usw.

Indvik, J. (2004): Women and Leadership. In: Northouse, P. G.: Leadership, Theory and Practice. 3rd Edition. Thousand Oaks – London 2004, S. 270–273

Jäger, R. (2004): Kompetent führen in Zeiten des Wandels. Führungsinstrumente für die tägliche Praxis. Weinheim/Basel

Judge,T.A./Church, A.H. (2000): Job Satisfaction: Research and Practice. In: Cooper, C.L./ Locke, E. A. (Eds.) (2000): Industrial and Organizational Psychology: Linking Theory with Practice. Malden, Mass. S. 166-198

Kellner, H. (1999): Konflikte verstehen, verhindern, lösen: Konfliktmanagement für Führungskräfte. München/Wien

Kieser, A. (2009): Einarbeitung neuer Mitarbeiter. In: von Rosenstiel, L./Regnet, E./ Domsch, M.E. (2009): Führung von Mitarbeitern. Handbuch für erfolgreiches Personalmanagement. 6. überarbeitete Aufl. Stuttgart, S. 148–157

Klutmann, B. (2004): Führung: Theorie und Praxis. Hamburg Kogler Hill, S. E. (2004): Team Leadership. In: Northhouse, P. G.: Leadership. Theory and Practice. 3. Aufl. Thousand Oaks und London, S. 203–234

Kogler Hill (2010): Team Leadership. In: Northouse, P.G.: Leadership. Theory and Practice. 5. Aufl. Los Angeles u.a.

Kotter, J./Heskett, J. (1993): Die ungeschriebenen Gesetze der Sieger, Erfolgfaktor Firmenkultur (Titel der Originalausgabe: Corporate Culture and Performance). Düsseldorf /Wien/New York/Moskau

Latham,G./Latham, S. (2000): Overlooking Theory and Research in Perfomance Appraisal at One´s Peril: Much Done, More to Do. In: Cooper, C.L./Locke, E.A. (Eds.) (2000): Industrial and Organizational Psychology: Linking Theory with Practice. Malden, Mass. S. 199–215

Laufer, H. (2005): 99 Tipps für den erfolgreichen Führungsalltag. Führungsbewusstsein, Führungsverhalten, Führungsmaßnahmen. Berlin

Leuzinger, A./Luterbacher, T. (2000): Mitarbeiterführung im Krankenhaus: Spital, Klinik und Heim. 3. unveränd. Aufl. Bern usw.

Lieber, B. (1995): Personalimage: Explorative Studien zum Image und zur Attraktivität von Unternehmen als Arbeitgeber. München/Mering

Lieber, B. (2008): Führungsgrundsätze und Zielvereinbarungen. In: Schneider, H.J./Klaus, H. (Hrsg.): Mensch und Arbeit. Handbuch für Studium und Praxis. 11. Aufl. Düsseldorf, S. 259–278

Linneweh, K./Hofmann L. M. (2003): Persönlichkeitsmanagement. In: von Rosenstiel, Lutz/ Regnet, Erika/Domsch, Michel (Hrsg.): Führung von Mitarbeitern. 5. überarbeitete Aufl. Stuttgart, S. 99–109

Luthans, F./Hodgetts, R. M./Rosenkrantz, S. A. (1988): Real Managers. Cambridge (Mass.)

Mahlmann, R. (2000): Konflikte managen: Psychologische Grundlagen, Modelle und Fallstudien. Weinheim und Basel

Martin, A. (2003a): Arbeitszufriedenheit. In: Martin, A. (Hrsg.) (2003): Organizational Behaviour – Verhalten in Organisationen. Stuttgart, S. 11–34

Martin, A. (2003b): Vertrauen. In: Martin, A. (Hrsg.) (2003): Organizational Behaviour – Verhalten in Organisationen. Stuttgart, S. 115–137

Martin, A. (Hrsg.) (2003): Organizational Behaviour – Verhalten in Organisationen. Stuttgart

Maslow, A. H. (1970): Motivation and Personality. 2. Aufl. New York

Matiaske, W./Weller, I. (2003): Extra – Rollenverhalten. In: Martin, A. (Hrsg.) (2003): Organizational Behaviour – Verhalten in Organisationen. Stuttgart, S. 11–34

Mayrhofer, W./Strunk, G./Meyer, M. (2003): Gruppenidentität. In: Martin, A. (Hrsg.) (2003): Organizational Behaviour – Verhalten in Organisationen. S. 197. Stuttgart

Mentzel, W./Gotzfeld, S./Dürr, C. (2001): Mitarbeitergespräche. Mitarbeiter motivieren, richtig beurteilen und effektiv einsetzen. Freiburg/Berlin/München 3. Aufl.

Mintzberg, H. (1973): The Nature of Managerial Work. New York

Mitchell, T.R./Thompson, K.R./George-Falvy, J. (2000): Goal Setting: Theory and Practice. In: Cooper, C.L./Locke, E.A. (Eds.) (2000): Industrial and Organizational Psychology: Linking Theory with Practice. Malden, Mass. S. 216–249

Motamedi, S. (1999): Konfliktmanagement: Vom Konfliktvermeider zum Konfliktmanager: Grundlagen – Techniken – Lösungswege. Offenbach

Mutatoff, A./Riekehof, R. (1999): Die sieben Seiten des perfekten Managers. Mit Kernkompetenzen richtig führen. Landsberg am Lech

Nerdinger, F. W. (2003).: Motivation von Mitarbeitern. Göttingen/Bern/Toronto/Seattle 2003

Neubauer, W./Rosemann, B. (2006): Führung, Macht und Vertrauen in Organisationen. Stuttgart

Neuberger, O. (1974): Theorien der Arbeitszufriedenheit. Stuttgart u.a.

Neuberger, O. (1990) : Führen und geführt werden. 3. völlig überarbeitete Auflage von „Führung“. Stuttgart

Neuberger, O. (1991): Miteinander arbeiten – miteinander reden! Vom Gespräch in unserer Arbeitswelt. München

Neuberger, O. (1993): Gruppenprozesse erkennen und gestalten. In: Besser führen. Problemfeld 5. München

Neuberger, O. (2002): Führen und führen lassen: Ansätze, Ergebnisse und Kritik der Führungsforschung. 6. völlig neu bearb. und erw. Auflage. Stuttgart

Nienhüser, W. (2003): Macht. In: Albert, M. (Hrsg.) (2003): Organizational Behaviour – Verhalten in Organisationen. Stuttgart, S. 139–172

Northouse, P. G. (2004): Leadership. Theory and Practice. 3rd Edition. Thousand Oaks – London

Northouse, P.G. (2010): Leadership. Theory and Practice. 5. Aufl. Los Angelos u.a.

Pfeffer, J. (1981): Power in Organizations. Cambridge (Mass.)

Regnet, E. (2003): Der Weg in die Zukunft – Anforderungen an die Führungskraft. In: von Rosenstiel, L./Regnet, E./Domsch, M. (Hrsg.) (2003): Führung von Mitarbeitern. 5. überarbeitete Aufl. Stuttgart, S. 51–66

Richter, M. (1999): Personalführung. Grundlagen und betriebliche Praxis. 4. Aufl. Stuttgart

Riekehof, R. (1999): Kapitel 7: Teams entwickeln. In: Mutafoff, A./Riekehof, R.: Die sieben Seiten des perfekten Managers. Mit Kernkompetenzen richtig führen. Landsberg am Lech S. 377–442

Robbins, S. P. (2001): Organisation der Unternehmung. (Titel der Originalausgabe: Organizational Behavior: Concepts, Controversies, Application, 9th Edition 2001). 9. Aufl. München

Rüttinger, B. (1993): Konflikte als Chance; Konfliktmanagement. In: Besser führen. Problemfeld 2. München

Schein, E. H. (1985): Organizational culture and Leadership – A Dynamic View. San Francisco

Schulz von Thun, F./Ruppel, J./Stratmann, R. (2005): Miteinander reden: Kommunikationspsychologie für Führungskräfte. 4. Aufl. Reinbek bei Hamburg

Sprenger, R. K. (1995): Das Prinzip Selbstverantwortung. Wege zur Motivation. Frankfurt/New York

Stübinger, M./Lieber, B./Reiners-Kröncke, W. (2002): Sozialmanagement 4: Personalmanagement. Köln/Wien

Tannen, D. (1991): Du kannst mich einfach nicht verstehen. Warum Männer und Frauen aneinander vorbeireden. Hamburg (Ernst Kabel Verlag)

von Rosenstiel, L. (2003): Entwicklung und Training von Führungskräften. In: von Rosenstiel, L./Regnet, E./Domsch, M. (Hrsg.) (2003): Führung von Mitarbeitern. 5. überarbeitete Aufl. Stuttgart, S.67–83

von Rosenstiel, L. (2009): Grundlagen der Führung. In: von Rosenstiel, L./Regnet, E./ Domsch, M. (Hrsg.) (2009): Führung von Mitarbeitern. ü. überarbeitete Aufl. Stuttgart, S.3–27

Urban, F. Y. (2007): Emotionen und Führung. Theoretische Grundlagen, empirische Befunde und praktische Konsequenzen. WiesbadenVroom, V. H. (1964): Work and Motivation. New York/London/Sydney

Walter, H. (1998): Handbuch Führung. Der Werkzeugkasten für Vorgesetzte. Symptome – Ursachen – Problemlösungen. Frankfurt/NewYork

Watzlawick, P./Beavin, J. H./Jackson, D. D. (2000): Menschliche Kommunikation. Formen, Störungen, Paradoxien. 10. Aufl. Bern

Wegge, J. (2004): Führung von Arbeitsgruppen. Göttingen-Bern-Toronto-Seattle

Weibler, J. (2003): Führung der Mitarbeiter durch den nächsthöheren Vorgesetzten. In: von Rosenstiel, L./Regnet, E./Domsch, M. (Hrsg.) (2003): Führung von Mitarbeitern. 5. überarbeitete Aufl. Stuttgart, S. 315–328

Weidlich, E. S. (2000): So managen Sie Ihren Chef. Geschickte Planung, Diplomatie, Erfolgreiche Strategien. Niedernhausen/ Taunus

Weiner, B. (1976): Theorien der Motivation (Titel der Originalausgabe: Theories of Motivations: from Mechanism to Cognition). Stuttgart

Weinert, A. B. (2004): Arbeits- und Organisationspsychologie. 5. vollständig überarbeitete Auflage. Weinheim und Basel

Wunderer, R. (2003): Führung des Chefs. In: von Rosenstiel, L./Regnet, E./Domsch, M. (Hrsg.) (2003): Führung von Mitarbeitern. 5. Aufl. Stuttgart, S. 293–314

Yukl, G. (2010): Leadership in Organizations. Upper Sadl River usw.

Stichwortverzeichnis